格子ボルツマン法・差分格子ボルツマン法

Ph.D. 蔦原 道久 著

コロナ社

まえがき

　本書の旧版（「格子気体法・格子ボルツマン法―新しい数値流体力学の手法―」，コロナ社）が出版されてから 18 年ばかりが過ぎた。幸い旧版はほかに類書がなかったこともあって，多くの読者に受け入れられたようである。しかし当然ながら，格子 Boltzmann 法はこの間著しい発達を遂げた。

　この度コロナ社から改訂版の話があり，少し考えたがお引き受けすることとした。著者の中ではこの分野はそろそろ店じまいということで，論文別刷など処分を始めていたところであったからである。それと，著者の神戸大学での研究自体，少し世界全体から見て主流から外れたところがあると感じてもいた。

　具体的にいうと，著者の研究室では格子 Boltzmann 法そのものではなく，差分格子 Boltzmann 法をおもに進めてきたのである。詳細は本文で述べているが，格子 Boltzmann 法が離散化された方程式を対象としているのに対し，差分格子 Boltzmann 法は基本的に偏微分方程式を対象としている。

　著者自身は，その偏微分方程式を差分で解くということを調べているうちに，著者なりにさまざまなことが見えてきたように思える。そして，本書ではそのことについてもいくつか述べている。

　著者はこの研究を始める前は，このテーマに大きな期待はしていなかった。しかし，研究を進めるに従い，この研究には流体の多くの要素が絡んでいて，流体現象を理解するおおいなるヒントが潜んでいると考えるようになった。とりあえず，格子 Boltzmann 法を使ってみようという読者にはやや難しいかもしれないが，少し述べていく。

　格子 Boltzmann 法は Chapman-Enskog 展開という近似によって，流体力学でなじみ深い Navier-Stokes 方程式が出てくる。そうすると，「格子 Boltzmann 法＝Navier-Stokes 方程式の解法」ということになりそうである

が，なかなかそうはいかない。Chapman-Enskog 展開がそのまま成り立たない領域，正確にいうと展開の高次の項が無視できない領域があり，その領域では Navier-Stokes 方程式での流れと異なった流れとなってしまう。

しかし，その領域がどこにあるのかはなかなかわかりにくい。古い解説にもこの点についてなにも書いていない。これは，流れが偏微分方程式で表されるとしても，各項の大きさが領域によって異なってくるということであるが，これは方程式には出ていない。これを理解するには，流れの物理面に対する理解が必要である。私はイメージする力だと思うが，実際にそこでなにが起こっているか，流体現象に対する透察力がないとわからない。

格子 Boltzmann 法は離散化 BGK 方程式を基礎としており，Navier-Stokes 方程式ではないということは別の視点から流体を見ることができ，むしろ流体現象に対する理解が深まると考えている。Navier-Stokes 方程式の限界などは，Navier-Stokes 方程式だけ扱っていては見えてこない。これが，格子 Boltzmann 法を使っていると見えてくる。

また，流体といっても気体，液体があり，Navier-Stokes 方程式では圧縮性・非圧縮性モデルとして理想化してとらえられる。液体であってもわずかながら圧縮性はある。これらの特性は格子 Boltzmann 法のモデルでは，間接的にであれ粒子間の力（分子間力に対応）を導入することにより，液体を再現できる。

また，これらさまざまな流体の特性の変化は，結局は格子 Boltzmann モデルにおける局所平衡分布関数を変えることで達成できるのである。つまり，さまざまな力学的な特性の違いも，単にその局所平衡状態が異なるだけであるということがわかるのである。もちろん，密度の違いなどを表現するには，なんらかの工夫が必要である。

そして，格子 Boltzmann 法の計算モデルと Navier-Stokes 方程式との最大の違いは，おそらく前者が粒子ごとの線形波動方程式を解くのに対し，後者は複雑な非線形連立偏微分方程式を解くことであろう。そのうえ，前者の波動方程式は信号が一定速度で一定方向に伝播するという，非常に簡単な微分方程式

を解くことになる。

つまり格子 Boltzmann 法は，そのモデルの特徴，そして計算法における優れた特徴を持つ流体シミュレーション法であり，従来の流体シミュレーション手法とは少し違ったアプローチとなる。

本書では，著者が関わったさまざまな格子 Boltzmann モデルについて紹介している。これらのモデル開発にいろいろとご指導いただいた関係の皆様，そして実際に開発を推し進めてもらった当時の学生諸君には，この場を借りて感謝の意を表したい。特に旧版の共著者であった，片岡武氏および高田尚樹氏には本研究の原動力となって進めていただいた。ご両人の研究のますますの発展を祈念している。さらに，今回の改訂についてお世話いただいた，コロナ社の方々に感謝いたします。

2018 年 10 月

蔦原　道久

付属の DVD について

本書の付属として，10 のプログラムをソースをつけて DVD に収めている。詳細は 6 章「付属のプログラムについて」を参照いただくとして，このプログラム作成，整理で多大なるご協力をいただいた，赤松克児様には御礼申し上げるとともに，氏の当分野におけるこれからのご貢献を願うものである。

【注意】

DVD に収録したプログラムやデータを使用した結果に対して，コロナ社および著作者は一切の責任を負いません。なお，DVD を開封いたしますと本書の返品は無効となりますのでご注意ください。

収録したコンテンツのネットワークへのアップロード，頒布，販売を禁じます。

目　　　次

1.　流体力学の基礎

1.1　流体とはなにか …………………………………………………… *1*

1.2　流体運動を支配する方程式 ……………………………………… *2*

1.3　Reynolds 数 ……………………………………………………… *10*

1.4　Navier-Stokes 方程式の近似 …………………………………… *10*

　1.4.1　Reynolds 数が非常に大きい場合 ………………………… *10*

　1.4.2　Reynolds 数が小さい流れに対する近似方程式 ………… *13*

1.5　音　波　の　式 …………………………………………………… *13*

　1 章 の 要 点 ………………………………………………………… *15*

2.　偏微分方程式に対する数値計算法

2.1　1次元発展方程式 ………………………………………………… *16*

2.2　差　　分　　法 …………………………………………………… *19*

2.3　時　間　積　分　法 ……………………………………………… *20*

　2.3.1　Euler 1 次前進差分 …………………………………………… *20*

　2.3.2　陽的高次前進差分 …………………………………………… *21*

2.4　空　間　差　分 …………………………………………………… *22*

　2.4.1　1 階微分に対する差分 ……………………………………… *23*

　2.4.2　2 階微分に対する差分 ……………………………………… *24*

　2.4.3　風上差分と数値粘性 ………………………………………… *25*

vi　　目　　　　次

2.5　保存形表示と対流形表示 ……………………………… 26
2.6　高次風上差分スキーム ………………………………… 28
2.7　風上差分スキームについて …………………………… 29
2.8　一般曲線座標系での差分形 …………………………… 29
　　2 章 の 要 点 ……………………………………………… 32

3.　格子 Boltzmann 法

3.1　格子 Boltzmann 法の歴史 …………………………… 33
　3.1.1　格 子 気 体 法 …………………………………… 33
　3.1.2　初期の格子 Boltzmann モデル ………………… 34
3.2　離散化 BGK モデル …………………………………… 36
3.3　格子 Boltzmann 法で用いられる格子 ………………… 38
3.4　2 次元格子 BGK モデルの局所平衡分布関数 ………… 39
　3.4.1　2 次元 9 速度モデル ……………………………… 39
　3.4.2　局所平衡分布関数の性質 ………………………… 42
　　3 章 の 要 点 ……………………………………………… 43

4.　差分格子 Boltzmann 法およびほかの離散化法による定式化

4.1　従来の格子 Boltzmann 法の位置づけ ………………… 45
4.2　差分格子 Boltzmann 法 ……………………………… 46
4.3　Chapmann-Enskog 展開 ……………………………… 47
　4.3.1　連 続 の 式 ……………………………………… 51
　4.3.2　運 動 方 程 式 …………………………………… 52
　4.3.3　エネルギー方程式 ………………………………… 54
4.4　境 界 条 件 …………………………………………… 57
　4.4.1　バウンスバックと鏡面反射 ……………………… 57

4.4.2	局所平衡分布関数での定義	58
4.4.3	流入・流出境界条件	59
4.4.4	周期境界条件	59

4.5　ALE 法の応用 60

| 4.5.1 | ALE 法の定式化 | 60 |
| 4.5.2 | 移動座標と静止座標の接合 | 61 |

4.6　固体境界面での Navier-Stokes 方程式の解からのずれ 62

4.7　有限体積法の応用 64

4.7.1	FVLBM の定式化	65
4.7.2	2 点と 1 次微係数による準 3 次精度風上スキーム	66
4.7.3	修正分布関数の導入	67

4.8　スペクトル法の応用 68

　4 章 の 要 点 68

5.　格子 Boltzmann 法におけるモデル

5.1　非熱流体モデル 69

5.2　熱 流 体 モ デ ル 72

5.3　完全に Navier-Stokes 方程式を回復するモデル 76

5.4　比熱比を自由に設定できるモデル 77

5.5　差分格子 Boltzmann 法特有のモデル 79

5.6　局所平衡分布関数に付加項を加えることにより得られる方程式 81

| 5.6.1 | 離散化 BGK 方程式に対する付加項について | 82 |
| 5.6.2 | 密 度 成 層 流 | 84 |

5.7　混 相 流 モ デ ル 86

5.7.1	界面分離モデル	86
5.7.2	表面張力モデル	88
5.7.3	高密度比 2 流体	90
5.7.4	液体の圧縮性の考慮	92

viii　　目　　　　　　次

5.7.5　非 Newton 流体モデル ……………………………… *93*
5.8　蒸発・凝縮現象のシミュレーション ……………………… *94*
　5　章　の　要　点 ………………………………………………… *97*

6.　付属のプログラムについて

………………………………… *99*

付　　　　　録

　1.　等方性テンソル ………………………………………………… *105*
　　A.　直角座標でのテンソル ……………………………………… *105*
　　B.　等方性テンソル …………………………………………… *107*
　2.　格子気体法および格子 Boltzmann 法でのテンソル ………… *111*
　　A.　格子と等方性テンソル ……………………………………… *111*
　　B.　正多角形での等方性テンソル ……………………………… *113*
　　C.　正多面体での等方性テンソル ……………………………… *114*
　　D.　規　則　的　格　子 ……………………………………………… *114*

参　考　文　献 ………………………………………………………… *117*

索　　　　　引 ………………………………………………………… *130*

1. 流体力学の基礎

　流体力学では，一般には**連続体**としての流体という概念を考え，これに保存則を適用して基礎方程式（支配方程式）を導く。そして，これらの基礎方程式を，与えられた境界条件，初期条件のもとで解くことが流体力学の課題である。方程式を解く際には，厳密に解析的に解くことはもちろんであるが，多くは近似的に解かれる。また，本書のテーマでもある数値的に解を求めることも，最近のコンピュータの発達により容易になってきている。

　本章では，あとの章でも必要となる流体力学の基礎を簡単に述べる。

1.1　流体とはなにか

　ここで計算の対象にしている流体とはなにか，ということについて考えてみよう。流体とは，空気や水など気体，液体といった文字どおり流れる物体を総称したものである。地球内部のマグマや電離した気体（プラズマ），あるいは磁性を持つ金属の粉をコロイド状に油に溶かせた液体（磁性流体）も，もちろん流体である。

　気体も液体も分子でできており，その分子の間にはなにもない。つまり，不連続である。しかし気体を例にとると，**標準状態**〔温度 0℃（273 K），圧力 1気圧（1.013×10^5 Pa）〕において，およそ 2.687×10^{25} m^{-3}（Loschmidt 数）の分子がある。つまり，一辺が $1\,\mu = 0.001$ mm の立方体の中にさえ約 2.687×10^7 個の分子が存在することになる。これらを一つひとつ追跡することは不可能である。また普通，空気の運動を考える場合など，分子の一つひとつの運動を調べる必要はない。

2　　1. 流 体 力 学 の 基 礎

そこで，流体を**連続体**として取り扱う方法が考えられる。これは非常に小さな体積を持つ**流体粒子**（一つの粒子ではないことに注意）というものを考え，その中で分子の運動の平均をとる。例えば，流体を構成する分子が1種類だけであるとすると，流速 u は

$$u = m \sum_{i=1}^{n} \frac{v_i}{nm} \qquad (1.1)$$

と表される。ここで，m は気体分子1個の質量，v_i は i 分子の速度，n は考えている流体粒子内の分子の数である。また，密度 ρ は

$$\rho = \frac{nm}{V} \qquad (1.2)$$

と表される。ここで，V は考えている流体粒子の体積である。

つまり，気体を連続的な流体と考える場合，任意の時間で，空間の点において定義される密度，速度といった巨視的な変数は，考えている点まわりに小さな広がりを持つ体積を考え（これを前述した流体粒子と呼ぶ），その範囲での空間的な平均値を扱っていると考えるのである。そして，時間的，空間的に連続なこれら巨視的な変数だけを用いて，流体現象を記述することが可能となる。これを連続体近似と呼ぶが，この近似により，流れの運動を支配する方程式は場の偏微分方程式で表されることになる。

1.2　流体運動を支配する方程式

詳細は，流体力学の教科書を参照していただくとして，流体力学では，流れの中に適当な大きさの体積をとり，**質量，運動量，エネルギーの保存則**を適用することにより，基礎方程式を導く。ここでは，流体の性質として，方向性を持たない，つまり等方的な流体を考える。

まず，質量の保存を表す連続の式は**ベクトル**表記で

$$\frac{\partial \rho}{\partial t} + \nabla(\rho u) = 0 \qquad (1.3)$$

と書ける。あとでも使うので**テンソル**表記も示すと

$$\frac{\partial \rho}{\partial t} + \frac{\partial}{\partial x_i}(\rho u_i) = 0 \tag{1.4}$$

となる。テンソルについては，詳細は付録で解説する。これらの式で，ρ は流体の密度で，時間，空間で変化するとしている。t は時間，∇ は**ナブラ演算子**であってx, y, z が**直角座標（デカルト座標）**を表すとすると

$$\nabla = \frac{\partial}{\partial x}\boldsymbol{i} + \frac{\partial}{\partial y}\boldsymbol{j} + \frac{\partial}{\partial z}\boldsymbol{k} = \frac{\partial}{\partial x_1}\boldsymbol{i} + \frac{\partial}{\partial x_2}\boldsymbol{j} + \frac{\partial}{\partial x_3}\boldsymbol{k} \tag{1.5}$$

である。ここで，$\boldsymbol{i}, \boldsymbol{j}, \boldsymbol{k}$ は x, y, z それぞれの方向の単位ベクトルである。式 (1.4) では，左辺第 2 項での添え字 i は 1，2，3 の整数をとり，$(x_1, x_2, x_3) = (x, y, z)$ を表しているものとする。また，この項では i が x_i と u_i とで重なって出ており，このときは i に 1，2，3 と代入し，それらを加え合わせると約束する。つまり

$$\frac{\partial}{\partial x_i}(\rho u_i) = \frac{\partial}{\partial x_1}(\rho u_1) + \frac{\partial}{\partial x_2}(\rho u_2) + \frac{\partial}{\partial x_3}(\rho u_3)$$

である。また，u_1, u_2, u_3 は速度ベクトル $\boldsymbol{u}$ のそれぞれ x_1, x_2, x_3 方向成分である。つまり，x, y, z 成分であり

$$\boldsymbol{u} = (u_1, u_2, u_3) = (u_x, u_y, u_z)$$

と書ける。

連続の式 (1.3) および (1.4) は，それぞれベクトルあるいはテンソルで書かれているが，式 (1.3) ではナブラ演算子 ∇ が式 (1.5) からわかるようにベクトルとして扱えるので，左辺第 2 項はこのベクトルと速度ベクトルの内積と解釈でき，スカラーである。また，式 (1.4) では，添え字は足し合わされてしまうので，最終的には消えてしまって，一つの量を表すにすぎない。したがって，連続の式は一つのスカラー式である。

式 (1.3) は

$$\frac{\partial \rho}{\partial t} + (\boldsymbol{u} \cdot \nabla)\rho = -\rho \nabla \cdot \boldsymbol{u} \tag{1.6}$$

と書き直すことができる。この式の左辺の微分演算子は，流体力学では

4   1. 流体力学の基礎

$$\frac{D}{Dt}=\frac{\partial}{\partial t}+\boldsymbol{u}\cdot\nabla \tag{1.7}$$

と書き，**実質微分**あるいは Lagrange 微分と呼ばれる。これは，流体粒子に沿って移動する観測者から見た時間変化を表している。ここでは，密度の変化である。

また，右辺の $\nabla\cdot\boldsymbol{u}$ は速度場 $\boldsymbol{u}$ の発散と呼ばれ，流体の膨張（収縮）を表している。つまり，連続の式は，流体粒子に沿って密度の変化は，その粒子が膨張（収縮）することにより減少（増加）することを表している。

また，流体が**非圧縮**であれば，密度は流体粒子に沿って見た場合一定値となるから

$$\frac{D\rho}{Dt}=0 \tag{1.8}$$

であり，これから連続の式（1.6）は

$$\nabla\cdot\boldsymbol{u}=0 \tag{1.9}$$

となる。

式（1.7）をテンソル表記すると

$$\frac{D}{Dt}=\frac{\partial}{\partial t}+u_i\frac{\partial}{\partial x_i} \tag{1.10}$$

となり，連続の式（1.8），（1.9）は

$$\frac{D\rho}{Dt}=\frac{\partial\rho}{\partial t}+u_i\frac{\partial\rho}{\partial x_i}=0 \tag{1.11}$$

$$\frac{\partial u_i}{\partial x_i}=0 \tag{1.12}$$

と書ける。

ここで，非圧縮流体の条件（1.9）についてひとことつけ加える。この条件は，必ずしも領域全体で密度が同じであるということを意味しない。成層流のように空間的には密度変化はあるが，流体粒子に沿って密度が変化しない，つまり非圧縮であるとみなされる場合，条件（1.9）が成り立つのである。言い換えると，空間的に密度変化があっても，流体が非圧縮であれば，全空間で流

体の膨張・収縮はない，あるいは体積変化はないということである。

つぎに，**運動方程式**はテンソル表記で

$$\rho\left(\frac{\partial u_i}{\partial t}+u_j\frac{\partial u_i}{\partial x_j}\right)=F_i+\frac{\partial}{\partial x_i}(-p+\lambda\theta)+\frac{\partial}{\partial x_j}\mu e_{ij} \tag{1.13}$$

と書ける。上式において添え字が少し複雑なので説明する。ここでは，添え字 i は次元を表し，1, 2, 3 すなわち x, y, z を想定している。一方，左辺第 2 項および右辺第 3 項に現れる j は重なっているので，1, 2, 3 を代入して足し合わせてしまう。つまり，運動方程式は 3 次元で 3 方向に三つ独立な式があることになる。

ここで，右辺の θ は**体積膨張率**であり

$$\theta=\frac{e_{ii}}{2}=\frac{\partial u_i}{\partial x_i}=\nabla\cdot\boldsymbol{u} \tag{1.14}$$

と定義される。また，e_{ij} は変形速度テンソルと呼ばれ

$$e_{ij}=\frac{\partial u_j}{\partial x_i}+\frac{\partial u_i}{\partial x_j} \tag{1.15}$$

と定義される。F_i は重力などの外力で，p は圧力，λ は**第 2 粘性率**，μ は単に**粘性率**と呼ばれる。式 (1.13) は応力テンソル τ_{ij} が

$$\tau_{ij}=(-p+\lambda\theta)\delta_{ij}+\mu e_{ij} \tag{1.16}$$

と書けることから，応力と変形速度との間の線形関係を仮定しており，こういった流体は Newton 流体と呼ばれる。ここで，δ_{ij} は Kronecker のデルタと呼ばれ

$$\delta_{ij}=\begin{cases}1, & i=j \text{ の場合} \\ 0, & i\neq j \text{ の場合}\end{cases}$$

と定義される。

λ および μ が定数であると仮定すると，式 (1.13) はベクトル表記で

$$\rho\left[\frac{\partial\boldsymbol{u}}{\partial t}+(\boldsymbol{u}\cdot\nabla)\boldsymbol{u}\right]=\boldsymbol{F}-\nabla p+(\lambda+\mu)\nabla\theta+\mu\nabla^2\boldsymbol{u} \tag{1.17}$$

ここで，$\boldsymbol{F}$ は単位質量当りの体積力である。

また，テンソル表記で

6   1. 流体力学の基礎

$$\rho\left(\frac{\partial u_i}{\partial t}+u_j\,\frac{\partial u_i}{\partial x_j}\right)=F_i-\frac{\partial p}{\partial x_i}+(\lambda+\mu)\,\frac{\partial \theta}{\partial x_i}+\mu\,\frac{\partial^2 u_i}{\partial x_j{}^2} \tag{1.18}$$

と書ける。ここで，∇^2 は Laplace 演算子で

$$\nabla^2=\frac{\partial^2}{\partial x^2}+\frac{\partial^2}{\partial y^2}+\frac{\partial^2}{\partial z^2}=\frac{\partial^2}{\partial x_j{}^2} \tag{1.19}$$

である。式（1.17）あるいは（1.18）は **Navier-Stokes 方程式**と呼ばれる流体の力学を支配する運動方程式である。

　運動方程式は，流体粒子の 3 方向の加速度（左辺）と質量（単位体積当り）との積と，外部の流体からその流体粒子に働く力（右辺）との関係に Newton の法則を適用したものになっている。

　ここで注意すべきは，Navier-Stokes 方程式の加速度項は，速度と速度の微分との積が入っていることである。つまり，流速に対して非線形となり，この項が流体現象の解析を著しく難しくする要素となっている。

　非圧縮で密度一様な流体に対して，式（1.17）および（1.18）の両辺を密度で割ると

$$\frac{\partial \boldsymbol{u}}{\partial t}+(\boldsymbol{u}\cdot\nabla)\boldsymbol{u}=-\nabla\chi+\nu\nabla^2\boldsymbol{u} \tag{1.20}$$

$$\frac{\partial u_i}{\partial t}+u_j\,\frac{\partial u_i}{\partial x_j}=-\frac{\partial \chi}{\partial x_i}+\nu\,\frac{\partial^2 u_i}{\partial x_j} \tag{1.21}$$

と書ける。ここで，外力 $\boldsymbol{F}$ はポテンシャル Ω の空間こう配で与えられるとしており，χ は

$$\chi=\frac{p+\Omega}{\rho} \tag{1.22}$$

と定義している。また，$\nu=\mu/\rho$ は**動粘性率**と呼ばれ，流体の運動を考える場合はむしろ**粘性率** μ よりも重要である。

　つぎに**エネルギー方程式**は，e を**内部エネルギー**，T を**絶対温度**として

$$\rho\left[\frac{\partial e}{\partial t}+(\boldsymbol{u}\cdot\nabla)e\right]=-p\theta+\nabla(k\nabla T)+\Phi \tag{1.23}$$

あるいは

$$\rho\left[\frac{\partial e}{\partial t}+u_j\frac{\partial e}{\partial x_j}\right]=-p\theta+\frac{\partial}{\partial x_j}\left(k\frac{\partial T}{\partial x_j}\right)+\varPhi \tag{1.24}$$

と表される。ここで，流れが非圧縮なら $\theta=0$ である。k は**熱伝導率**である。$\varPhi$ は**散逸関数**と呼ばれ

$$\varPhi=\lambda\theta^2+\mu\left[\frac{1}{2}({e_{11}}^2+{e_{22}}^2+{e_{33}}^2)+({e_{12}}^2+{e_{23}}^2+{e_{31}}^2)\right] \tag{1.25}$$

と表される。

式（1.23）あるいは（1.24）は，流体粒子の内部エネルギーの変化が圧力による外部への仕事率と熱として流入してくるエネルギー，そして運動エネルギーの散逸によるものであることを表している。また，流体が理想気体であれば，内部エネルギーと絶対温度とは，c_v を流体の**等積比熱**として

$$e=\int c_v\,dT \tag{1.26}$$

なる関係があり，また気体が熱量的にも理想的であれば c_v は一定となり

$$e=c_v T \tag{1.27}$$

となる。

＋＋＋＋＋　**少し進んだ話題**　＋＋＋＋＋＋＋＋＋＋＋＋＋＋＋＋＋＋＋＋＋＋

ここで，方程式の**次元**について考えよう。

流体力学で出てくる基本の次元は，質量 M，長さ L，時間 T の3個である。物理的な方程式は各項の次元が同じでなくてはならない。これは，方程式の間違いのチェックにもなる。また，スケールの違うさまざまな現象を比較したり，一般化するうえでもきわめて重要な概念である。

例えば，密度は質量を体積で割ったものであるから，次元は M/L^3 である。流速は L/T，力は **Newton の方程式**から質量×加速度で ML/T^2 となり，圧力は単位面積に働く力であるから M/LT^2 である。時間微分，空間微分はそれぞれ $1/T$, $1/L$ で，微分の階数が上がるとそれに応じて分母のべきが大きくなる。

運動方程式（1.20）あるいは（1.21）の左辺第1項および第2項の次元は L/T^2 になることがわかる。右辺第1項，第2項も同じ次元であるので，ここで定義されているポテンシャルは圧力と同じ次元を持ち，動粘性率の次元は L^2/T となることがわかる。したがって，粘性率 μ の次元は M/LT である。

連続の式，エネルギー方程式でも確認されたい。

＋＋＋＋＋＋＋＋＋＋＋＋＋＋＋＋＋＋＋＋＋＋＋＋＋＋＋＋＋＋＋＋＋＋＋＋

8   1. 流体力学の基礎

運動エネルギーはどうなっているかというと，これは Navier-Stokes 方程式に u_i を掛けることにより，運動エネルギーの時間変化が出てくるのである。この運動エネルギーの単位時間の減少分が散逸関数であり，これを内部エネルギーの増加として考慮しており，結局式（1.23）あるいは（1.24）は全エネルギーの保存則を表している。

以上が流体運動を支配する基礎方程式であり，未知数は速度 $\boldsymbol{u}(u_1, u_2, u_3)$ と，圧力 p，密度 ρ，および内部エネルギー e，あるいは温度 T の合計 6 個である。上記の基礎方程式は，連続の式 1 個，運動方程式 3 個，エネルギー方程式 1 個の合計 5 個であり，方程式を閉じさせるためにもう 1 個の式が必要である。これには**状態方程式**

$$p=f(\rho, e) \quad あるいは \quad p=f(\rho, T) \tag{1.28}$$

を用いる。式（1.28）の具体的な形は流体の特性によって決まる。

流れが圧縮性あるいは熱伝導性を考慮しなければならない場合は，変数 e あるいは T を含むこととなり，これらすべての方程式を必要とする。連続の式，Navier-Stokes 方程式，そしてエネルギー方程式をセットで **Navier-Stokes 方程式系**と呼ぶこともある。要するに，**拡散**を含む方程式系である。

しかし，流れが一様で非圧縮であり，また熱伝導性が無視できる場合，ρ は一定となり，また e あるいは T を考慮する必要がなくなるので，必要な方程式は，連続の式と運動方程式のみとなる。

ここで，流体力学を勉強するうえで認識しておくべきことは，上記の方程式群は連立して解かなければならないことである。これは，質点力学で出てくる Newton の運動方程式（初期値だけで解ける）とは大きく異なる。もちろん，未知変数の数だけ方程式が必要であるということであるが，それはそうであるが，例えば密度なら密度は，連続の式やその他の式に現れており，あらゆる瞬間にこれらの式は満足されなければならない。流速その他の量も同じであり，一つの方程式からでは無数に解がある。その中から「同時に」ほかの方程式を満足し，なおかつ初期条件，境界条件を満たすものを見つける作業をしているのが方程式を解くということである，という見通しを持つことは重要と思われる。

                                      1.2 流体運動を支配する方程式   9

　非圧縮性を仮定すると，連続の式（1.8）は線形であるが，Navier-Stokes
方程式（1.20）もしくは（1.21）は左辺に非線形の項があり，一方向の流れあ
るいは環状の流れなど方程式が線形になるものを除いて厳密解はほとんど知ら
れていない。そこで，いくつかの仮定をして方程式を簡単化する。

　その前に，方程式の各項の大きさを見積もるための無次元化について触れて
おく。

＋＋＋＋＋　**少し進んだ話題**　＋＋＋＋＋＋＋＋＋＋＋＋＋＋＋＋＋＋＋＋＋＋＋＋
　ここで少し基礎方程式（連続の式，運動方程式，エネルギー方程式）について
つけ加えておく。

　これらの式は，すべてに共通した

$$\frac{Df}{Dt} = g$$

という形になっている。左辺は前述したとおり流体粒子に沿ってのある量 f の
変化を表すので，g が 0 の場合，f は流体粒子に沿って変化しない，あるいは保
存されることを表している。逆に，g が 0 でない場合は，f がなんらかの変化を
するということである。そこで，g をソース項あるいは源泉項と呼ぶ。つまり，
f を増加（わき出し）あるいは減少（すい込み）させる原因となる項という意味
である。

　連続の式（1.6）の場合，右辺の $-\rho \nabla \cdot \boldsymbol{u}$ がソース項であり，$\nabla \cdot \boldsymbol{u} > 0$ の場合
に流体の体積が増加するので，左辺の変数である密度 ρ が減少するということ
になる。

　同様に，運動方程式（1.17）を見ると，左辺は流体粒子の持つ単位体積当りの
運動量の変化を表している。そして，右辺はこの運動量を変化させるソース項
（原因）であり，これは Newton 力学でなじみ深い力，すなわち体積力，圧力こ
う配，そして粘性による応力である。つまり，外部からの力は運動量を増減させ
る源泉と見ているわけである。

　エネルギー方程式（1.23）についてもまったく同じである。

　また，流体が非圧縮であるという仮定は注意を要する。特に熱を考えない場合
は（大部分そうであるが）流れの運動エネルギーは減少するが，それがどうなる
かについてはなにも情報を与えない。非圧縮流れでも散逸関数（1.25）は定義され
るが，内部エネルギーとの関係は定義できないので，総エネルギー保存は考えら
れず，運動エネルギーの減少は流れにフィードバックされない形となっている。
＋＋＋＋＋＋＋＋＋＋＋＋＋＋＋＋＋＋＋＋＋＋＋＋＋＋＋＋＋＋＋＋＋＋＋＋

10   1. 流体力学の基礎

1.3 Reynolds 数

Navier-Stokes 方程式（1.20）は無次元量

$$u^* = \frac{u}{U}, \ \rho^* = \frac{\rho}{\rho_0}, \ p^* = \frac{p}{\rho_0 U^2}, \ x_i^* = \frac{x_i}{L}, \ t^* = \frac{tU}{L} \tag{1.29}$$

を用いると

$$\rho^* = \frac{Du^*}{Dt^*} = -\nabla^* p^* + \frac{1}{R}\nabla^{*2} u^* \tag{1.30}$$

と書ける。ここで，外力は考慮していない。また，D/Dt^*, ∇^*, および ∇^{*2} はそれぞれ式（1.10），（1.5），（1.19）の t, x_i, u_i をそれぞれ t^*, x_i^*, u_i^* で置き換えたものである。式（1.29）の U, ρ_0, L はそれぞれ速度，密度，長さの代表値で，問題により重要と思われる値を使う。

式（1.30）の右辺第 2 項の R は

$$R = \frac{UL}{v} \tag{1.31}$$

と表される無次元のパラメータで，**Reynolds数**と呼ばれる。

この Reynolds 数は，流体の持つ慣性効果と粘性効果の相対的な大きさの比と考えられ，Reynolds 数が大きいとき，流れに及ぼす粘性の影響が小さく，逆に Reynolds 数が小さいとき，粘性の影響が大きいことになる。

1.4 Navier-Stokes 方程式の近似

1.4.1 Reynolds 数が非常に大きい場合

いま，非圧縮性流れを考え，エネルギー方程式は考えない。また，連続の式は Reynolds 数とは関係がなく，近似によって変化しない。

〔1〕 Euler 方程式

流体の粘性が小さいとして粘性を無視すると，Navier-Stokes 方程式（1.

20) は $\mu=0$ として

$$\frac{\partial \boldsymbol{u}}{\partial t}+(\boldsymbol{u}\cdot\nabla)\boldsymbol{u}=-\frac{1}{\rho}\nabla p \tag{1.32}$$

となる。ここで，外力 $\boldsymbol{F}$ も考慮しないこととする。式（1.32）は **Euler 方程式** と呼ばれる。

〔2〕 **ポテンシャル流れ**

また，流れが渦なし，すなわち

$$\nabla \times \boldsymbol{u}=0 \tag{1.33}$$

とすると，速度はあるスカラー関数 ϕ のこう配で表され

$$\boldsymbol{u}=\nabla \phi \tag{1.34}$$

となる。ϕ は**速度ポテンシャル**と呼ばれる。このとき連続の式（1.9）に式（1.34）を代入すると

$$\nabla^2 \phi=0 \tag{1.35}$$

が得られる。

式（1.35）は **Laplace 方程式**である。Laplace 方程式は ϕ の境界条件を与えれば解くことができるので，この場合，運動方程式である Euler 方程式と連立して解かなくても流れ場が求まることになる。

結局，圧力 p は，求められた速度ポテンシャル ϕ から，Euler 方程式（1.32）を積分して得られる Bernoulli 方程式

$$\frac{\partial \phi}{\partial t}+\frac{1}{2}u^2+\frac{p}{\rho}=g(t) \tag{1.36}$$

を用いて決定できる。ただし，$g(t)$ は t の任意の関数である。この式は流れが非定常の場合に拡張されたものであるが，定常の場合には左辺第1項は現れず，右辺は定数となり，重力の効果を含む式が一般的に **Bernoulli 方程式**と呼ばれている。Bernoulli 方程式の次元はエネルギー（上式では単位密度当り）であり，エネルギー保存則を表すと解釈できるが，本来の熱を含むエネルギーの保存を表すものではなく，運動方程式の積分であって，むしろ運動方程式の変形と見るのがわかりやすい。

12   1. 流体力学の基礎

Euler 方程式の非線形性はポテンシャル流れの場合，問題を解く際の障害とはならず，解くべき方程式は線形の Laplace 方程式（1.35）のみであり，問題は著しく簡単になる。これが初期の流体力学における解析手法として，ポテンシャル流れが広く用いられた理由である。

また，2次元流れにおいては複素関数論との対応があり，等角写像などの複素関数論の手法がそのまま流れを解く手段として使われ，大きく発達した。しかしこの手法を用いる際の条件について考察すると，その適用範囲はそれほど広くはないことに注意が必要である。

〔3〕 **粘着条件と境界層近似**

Navier-Stokes 方程式と Euler 方程式を比較すると重要なことに気がつく。Euler 方程式を導く際に無視した Navier-Stokes 方程式の粘性項は，空間の2階微分の項となっており，ほかの項が時間，空間の1階の微分項であるので最高階の項である。一般の微分方程式では，最高階の微分の階数がその方程式の性質を決める。そして，2階微分方程式である Navier-Stokes 方程式の個体壁表面での境界条件は**粘着条件**と呼ばれ

$$u = u_w \quad (u_w は壁面の移動速度) \tag{1.37}$$

と書くことができる。つまり，固体壁面上では法線成分が一致する（流体の流入・流出がない）というだけでなく，接線成分も固体壁の動きに追随する。

一方，Euler 方程式は粘性率が小さいということで，粘性項が無視されているので方程式の階数が下がり，これらの条件を満足するだけの自由度がない。そこで，法線成分だけを一致させることとなる。要するに，粘着条件を放棄するのであるが，この条件は滑りの条件と呼ばれ，後述する境界層の外縁では近似的に成り立っている。

詳細は省くが，固体壁近くでは粘性項を導入し，固体壁に平行な流れ方向の変化は，固体壁面に垂直な方向の変化に比べずっと小さいとした近似方程式，すなわち**境界層近似式**を使う。つまり，固体壁から離れた領域での Euler 方程式と，固体壁近くの**境界層方程式**の2領域に分けて解析する。これにより粘着条件は満足され，境界層外部は実質的に非粘性流体として取り扱うことができ

る。ポテンシャル流れは，この境界層という概念の発見により，再度応用範囲が広がったことになる。

また，この境界層という概念は，微分方程式の階数を落とす近似（Euler 方程式）が境界条件を満たさない原因で，粘性が小さくても粘性項を無視できない領域が存在することを示している。つまり，固体壁付近には粘性項中の速度の2階空間微分が大きい領域（境界層内）があり，この項を無視できないということである。結局，近似的に解析するには，流れの領域を二つに分ける必要があるわけである。

境界層とポテンシャル流れの組み合わせは，境界層の外縁で接合されるが完全ではなく，逐次近似を上げていく方法が提案されている。実際には変数を微分方程式に現れる微小パラメータのべき（整数のべきとは限らない）で展開し，低次の項から解いていく特異摂動法と呼ばれる方法を使う。詳しくは文献（4-31）などを参照されたい。摂動法については，格子 Boltzmann 法（4.4節）のところで述べる。

1.4.2 Reynolds 数が小さい流れに対する近似方程式

Reynolds 数が小さいとして Navier-Stokes 方程式を線形化する近似であり，Stokes 方程式や Oseen 方程式がある。あとの解説には出てこないので，ここでは省略する。流体力学の教科書を見ていただきたい。

1.5 音 波 の 式

あとで用いるので，音波について簡単に述べる。ここでは，流体は気体で静止しているとする。このとき密度や圧力はほとんど一定値であり，音によって誘起される流速もきわめて小さいとして方程式を線形化する。また，粘性項や外力も無視する。

つまり，圧力は p_0+p'，密度は $\rho_0+\rho'$，そして流速は u' であるとする。ここで，添え字0がついた量は一定値を保ち，プライムがついた量は時間，空間

14   1. 流体力学の基礎

的に変化するが絶対値が小さく，それらが掛け合わされたものは無視できるとする。この近似はやはり**摂動法**であるが，**正則摂動法**の第一近似となっており，**微小変動論**とも呼ばれる。この近似を用いると，線形化された連続の式および運動方程式はそれぞれ

$$\frac{\partial \rho'}{\partial t} + \rho_0 \cdot \nabla \boldsymbol{u}' = 0 \tag{1.38}$$

$$\rho_0 \frac{\partial \boldsymbol{u}'}{\partial t} = -\nabla \cdot p' \tag{1.39}$$

と表される。両式から $\boldsymbol{u}'$ を消去すると

$$\frac{\partial^2 \rho'}{\partial t^2} - \nabla^2 p' = 0 \tag{1.40}$$

となる。音の現象は断熱的であり，圧力変動と密度変動との間には

$$p' = c_{s0}{}^2 \rho' \tag{1.41}$$

なる関係がある。ここで，c_{s0} は変動のない状態 (p_0, ρ_0) における音速であり定数である。式（1.41）の圧力変動を密度変動で置き換えると，**波動方程式**

$$\frac{\partial^2 \rho'}{\partial t^2} - c_{s0}{}^2 \nabla^2 \rho' = 0 \tag{1.42}$$

が導かれる。これは音速で信号が伝わることを表す式で，**音波の式**とも呼ばれる。もちろん右辺が 0 であるので，この式には音源は含まれていない。

音速 c は

$$c_s{}^2 = \frac{dp}{d\rho}\bigg|_s \tag{1.43}$$

である。ここで，添え字 s は，**等エントロピー変化（断熱変化）**を表している。

熱力学では，二つの状態変数によって熱力学状態（熱平衡状態）は決定される。つまり，独立に選べる変数は二つであって，ほかの変数はこれら 2 変数の関数として表されることが知られている。いま，圧力を密度とエントロピーで表した場合，エントロピー一定という状態変化では，圧力は密度のみで表され

$$p = \rho^\gamma \tag{1.44}$$

となる。ここで，γ は比熱比（等圧比熱 C_p／等積比熱 C_v）で，空気の場合約 1.4 である。一方，理想気体の状態方程式は

$$p = R\rho T \tag{1.45}$$

と書ける。ここで，$R = 8.314\,\mathrm{J\cdot K^{-1}\cdot mol^{-1}}$ は気体定数であり，T は絶対温度である。また，気体定数内の J はエネルギーの単位ジュールで，K は絶対温度の単位，mol は気体のモル数である。この関係から気体の音速は

$$c_s = \sqrt{\gamma R T} \tag{1.46}$$

と書け，1 気圧，15℃ の空気ではほぼ 340 m/s である。

　ここで，圧力と密度の関係に等エントロピー関係を用いていることで，音波の方程式がエネルギー方程式をも満足していることに注意されたい。また，音波の状態変化が断熱過程であり，等温過程でないということは重要である。圧力あるいは密度変化は非常に小さいので，つい等温過程であろうと思われるが断熱過程であり，空気においては等温過程では断熱過程での音速の 80％ くらいになってしまい，観測と合わない。断熱過程である理由は，普通の音では温度こう配が非常に小さく熱の移動が無視できるためである。

1 章 の 要 点

　連続体としての流体の特性と，流体運動が偏微分方程式によって表されることを説明した。流体として密度が変化しない非圧縮流体，そして密度変化を考え，熱エネルギーをも含む圧縮性流体のモデルがあることを示した。

　また，境界条件や近似方程式についても述べた。

2. 偏微分方程式に対する数値計算法

　連続体としての流体の運動は，Navier-Stokes 方程式と呼ばれる偏微分方程式で表されるが，厳密に解が求められる場合はまれであり，さまざまな近似法が工夫された。一方，解を数値的に直接求める方法も用いられてきた。

　流れを数値的に求める方法として，（有限）**差分法**，**有限体積法**，**有限要素法**，**境界要素法**，**離散渦法**，**粒子法**など数多くの方法が提案されている。

　このうち差分法は偏微分方程式の離散化，有限体積法は格子で形成される検査体積に対する保存則から導かれ，両者は格子点での値を用いた定式化で共通点が多い。ただ後者は，不規則な格子に対しても適用が容易である。

　有限要素法は，計算領域を一般的には非構造の多角形や多面体からなる要素に分割し計算を行う。隣り合う要素間に接点を設定し，要素内には接点での値を満足するような形状関数を定義し，その形状関数に簡単な関数を導入することで，計算法自体を一般性のあるものにしている。

　一方，境界要素法は，偏微分方程式の基本解を用いて，これに境界条件を適用して近似解を構成していくもので，半解析解ともいうべきものである。

　離散渦法は，流れ内の渦度のある領域を有限個の渦点（2次元），渦糸（3次元）で近似し，それらの時間発展を運動学的に求めるもので，流体現象に特化した手法である。

　粒子法は，流体現象を有限個の粒子（分子ではない）で表し，その運動をLagrange 的に追跡していくもので，これも流体特有の手法といえる。

　本章では，あとの解説と関連した差分法と有限体積法について簡単に解説する。

2.1　1次元発展方程式

発展方程式というのは，時間的に変化する量を求めるための式である。時間

微分は1階として，空間は1次元 x 方向のみを考える。

未知変数を u とすると，一般的な形で

$$\frac{\partial u}{\partial t} + a\frac{\partial u}{\partial x} + b\frac{\partial^2 u}{\partial x^2} + c\frac{\partial^3 u}{\partial x^3} + d\frac{\partial^4 u}{\partial x^4} + \cdots = 0 \tag{2.1}$$

と書くことができる。ここで，各項の係数 $a, b, c, d, \cdots$ のいずれかが変数 u の関数であるとき，式（2,1）は非線形であるという。流体の運動方程式は非線形の式である。方程式が連立の場合，これらの係数が直接 u を含まなくても，ほかの変数を含む場合は非線形である。例えば，圧縮性流体に対する連続の式（1.3）がそうである。

いま，$a, b, c, d, \cdots$ すべてが実定数であるとして述べていく。この場合，式（2.1）の解として

$$u = e^{i(kx - \omega t)} \tag{2.2}$$

を考えることができる。つまり，波動的な解を重ね合わせると考えるのである。ここで，$i = \sqrt{-1}$ で虚数単位であり，k は 2π を波長 λ で割ったもの

$$k = \frac{2\pi}{\lambda} \tag{2.3}$$

で，波数と呼ばれる。2π の距離の中にある波の数で，次元は（1/ 長さ）である。ω は角振動数で次元は（ラジアン/時間 =1/ 時間）である。また波の振動数を f とすると，波数とよく似た関係で

$$\omega = 2\pi f \tag{2.4}$$

と表され，時間 2π の間の波の振動数である。ω および k は正の実数とする。

式（2.2）を式（2.1）に代入すると

$$(-i\omega + iak - bk^2 - ick^3 + dk^4 + \cdots)e^{i(kx - \omega t)} = 0 \tag{2.5}$$

が得られるが，$e^{i(kx - \omega t)} \neq 0$ であるので，結局，角振動数と波数の関係式（分散関係式）

$$\omega = ak + ibk^2 - ck^3 - idk^4 + \cdots \tag{2.6}$$

が得られる。ここで，いま $a \neq 0$, $b = c = d = \cdots = 0$ の場合を考えると，式（2.2）は

18   2. 偏微分方程式に対する数値計算法

$$u = e^{ik(x-\omega t/k)} = e^{ik(x-at)} \tag{2.7}$$

となる。いま，式（2.7）右辺のべきの（ ）内の項が一定値になる位置 x は
時間的に変化し，$x - at = \text{const}$ を微分することによってその点は速度

$$\frac{dx}{dt} = a = \frac{\omega}{k} \tag{2.8}$$

で移動する。この点では u は同じ値をとるので，式（2.8）で表される速度 a
は u の同じ位相が進む速度で，**位相速度**と呼ばれる。

つぎに，$a \neq 0$, $b \neq 0$, $c = d = \cdots = 0$ の場合，$\omega = ak + ibk^2$ であるので

$$u = e^{i(kx-\omega t)} = e^{ik(x-at)} \cdot e^{-bk^2} \tag{2.9}$$

となる。最右辺の第1項は式（2.7）と同じで波動を表すが，第2項は $b > 0$ の
とき，波動の振幅が時間とともに減衰していくことを表している。流体におけ
る粘性つまり**運動量拡散**と同じ効果で，空間2階微分は拡散を表している。

一方，$a \neq 0$, $c \neq 0$, $b = d = \cdots = 0$ の場合は

$$u = e^{i(kx-\omega t)} = e^{ik[x-(a-ck^2)t]} \tag{2.10}$$

となり，位相速度は波数の関数となって

$$\frac{\omega}{k} = a - ck^2 \tag{2.11}$$

つまり，波の位相速度は波数あるいは波長によって変わり，こういう波は**分
散性**があるという。3階の微分の項は**分散**を表している。式（2.10）の振幅は
増減しないことに注意してもらいたい。この**分散効果**は実在の波にもあって，
白色光線がプリズムで7色に分解されるのはこの効果である。つまり，波長に
よって位相速度が変わることから，色によって屈折角が変わるということであ
る。また，水面波が流体における分散波の典型的なケースである。この効果は
波をバラバラにするので，一般的には解を不安定化しないが，この効果が現れ
る数値誤差（分散誤差）は解に変動をもたらす場合があり，特に衝撃波など急
激な変化が起こる場所で大きな変動が現れる。これは計算の不安定による振動
ではないので，どのオーダーの誤差が現れているのかを判定するのは重要であ
る。

2.2 差 分 法 19

まとめると，発展方程式の時間が1階微分である場合，空間微分階数で各項の性質が変わる。

空間1階微分 – 波形が変化しない波動

2階微分および偶数階微分 – 拡散効果（振幅が減少する場合と増幅する場合もある）

3階微分および奇数階微分 – 分散効果（位相速度が波数あるいは波長によって異なる）

この性質は，空間の次元が異なっても基本的に同じである。

数値計算においては必ず誤差が生じるが，その誤差がどの階数の誤差かによってその誤差の性質も変わるので，ここでの見積もりは非常に重要である。

2.2 差 分 法

偏微分方程式に対する数値解法として**差分法（有限差分法）**は，特に流体関係の分野で最も広く使われている。計算する領域を格子で刻んで，その格子点で定義された離散的な量を使って微分を差分で近似し，それをむしろ初等的な演算で求めるものであり，非線形方程式に対しても適用が可能である。

格子 Boltzmann 法も後述するように，分布関数に対する差分形式で定式化されたものと解釈できる。本書の主題である**差分格子 Boltzmann 法**は，流体解析に用いられてきた種々の差分法を，**分布関数**の発展方程式（時間的に変化する方程式）に適用するものである。

ただ手法は同じでも，流体の方程式，すなわち連続の式，運動方程式，エネルギー方程式と，格子 Boltzmann 方程式とは異なるので，結果は同じというわけではない。

また格子 Boltzmann 法では，定常解を求めることも可能であるが，ほとんどが発展方程式を解く。また非常に重要な事実は，解くべき格子 Boltzmann 方程式は後述するように有限個あるが，それらは時間発展に関しては独立に計算でき，普通の流体の方程式のように連立して解く必要がないのである。

20   2. 偏微分方程式に対する数値計算法

一方，連続体としての流体方程式である Navier-Stokes 方程式を解く際には，同じ変数が別の式に含まれるので，これらは基本的に連立して解く必要がある。

2.3 時 間 積 分 法

方程式の時間変化を求めていく場合も，空間と同じく時間軸を考えて，時間軸上の離散点での値を順次求めていくのである。

いま変数を u と書いて，時間の離散点を上付き添え字，また空間の離散点を下付き添え字で表す。

2.3.1 Euler 1 次前進差分

いま 1 次元発展方程式

$$\frac{\partial u}{\partial t} = f(u) \tag{2.12}$$

を考える。時間微分を，現在の値（既知）と Δt だけ離れた離散時間での値（未知）の差分をとって

$$\frac{u^{j+1} - u^j}{\Delta t} = f(u^j) \tag{2.13}$$

は，**Euler 前進差分**といわれる。右辺は既知の値だけで表されているので未知数は左辺の u^{j+1} のみであり，計算は陽的に（既知数の代入だけで）できる。右辺に未知数を含む場合は解法は陰的になるが，ここでは扱わない。

また，式 (2.13) の左辺のように，微分を差分で近似するときの形を**差分スキーム**という。

いま，Δt が小さいとして **Taylor 展開**を用いると

$$u^{j+1}(t+\Delta t) = u^j(t) + \frac{\partial u}{\partial t}\Delta t + \frac{1}{2}\frac{\partial^2 u}{\partial t^2}(\Delta t)^2 + \cdots \tag{2.14}$$

と書くことができるが，式 (2.13) から

$$\frac{\partial u}{\partial t} = \frac{u^{j+1}(t+\Delta t) - u^j(t)}{\Delta t} - \frac{1}{2}\frac{\partial^2 u}{\partial t^2}\Delta t + \cdots \tag{2.15}$$

となり，式（2.15）は式（2.13）の差分が式（2.12）左辺の時間微分に対する近似となっているのがわかる。誤差は式（2.15）の右辺第2項以降であり，Δt が小さければ小さいほど誤差も小さくなる。式（2.14）を考慮すると，この場合 u^{j+1} の誤差は $(\Delta t)^2$ のオーダーであり，これから差分形（2.13）は1次精度の差分形であるといわれる。また，この方法は u^j における微係数をそのまま直線的に延ばして u^{j+1} を求めていることに気づかれたい。

2.3.2 陽的高次前進差分

前述したが，差分方程式（2.13）の右辺に未知数 u^{j+1} が入る定式化も数多くあり（例えば，**Crank-Nicolson 法**など），連立方程式を解く**陰解法**となるが，計算は一般的に安定である。

ここでは，**陽解法**を繰り返し行う2次の予測子・修正子法および4次の **Runge-Kutta 法**について述べる。基本的な考え方は，u^j から未知数 u^{j+1} を求める際の u のこう配，すなわち $f(u)$ をいかに精度よく見積もるかということである。

〔1〕 2次の予測子・修正子法

既知の u^j からまず**予測子**

$$\bar{u} = u^j + \Delta t \cdot f(u^j) \tag{2.16}$$

を求める。これは，u^j における微係数を直線的に延長して時間 Δt 後の値 $\bar{u}$ を求めていることになる。つぎに**修正子**

$$u^{j+1} = u^j + \frac{\Delta t}{2}\left[f(u^j) + f(\bar{u})\right] = \frac{1}{2}\left[u^j + \bar{u} + \Delta t \cdot f(\bar{u})\right] \tag{2.17}$$

で，u^{j+1} を求める。これは，微係数を u^j および $\bar{u}$ における微係数の算術平均で求め，それを直線的に延ばしたものと考えられる。自身で図を描いて確認されたい。

22   2. 偏微分方程式に対する数値計算法

〔2〕 4次 Runge-Kutta 法

まず，u^j での微分係数を直線的に $\Delta t/2$ だけ進め

$$u^{(1)}=u^j+\frac{\Delta t}{2}f(u^j) \tag{2.18}$$

を求め，ここでの微係数を使って

$$u^{(2)}=u^j+\frac{\Delta t}{2}f(u^{(1)}) \tag{2.19}$$

として同じく $\Delta t/2$ 後の $u^{(2)}$ を再計算する。今度は，$u^{(2)}$ での微係数を用いて Δt 後の

$$u^{(3)}=u^j+\Delta t \cdot f(u^{(1)}) \tag{2.20}$$

を求める。これら 3 点での微係数の重みつき平均をとって

$$u^{j+1}=u^j+\frac{\Delta t}{6}[f(u^j)+2f(u^{(1)})+2f(u^{(2)})+f(u^{(3)})] \tag{2.21}$$

という計算で u^{j+1} を求めるものである。この方法は，数値積分の代表的な方法である Simpson の 1/3 公式との関連で考えると理解しやすい。

2.4 空 間 差 分

後述するが，格子 Boltzmann 法で用いる**離散化 BGK 方程式**は

$$\frac{\partial u}{\partial t}+c\frac{\partial u}{\partial x}=f(u) \tag{2.22}$$

の形の方程式で，時間，空間ともに 1 階の微分方程式である。c は定数であって，$f(u)$ も変数 u の線形な関数であるので，方程式は線形である。したがって，左辺の空間微分の項に対して，保存形に書き直したりする必要はまったくない（2.5 節参照）。

以下では，線形移流方程式について考える。拡散項（2 階微分項）はないが，誤差の考察として 2 階微分の差分形式は必要であるので，簡単に述べる。

その前に，式（2.22）の意味を考える。まず，右辺の $f(u)$ が 0 のとき，方程式

2.4 空　間　差　分　　*23*

$$\frac{\partial u}{\partial t}+c\frac{\partial u}{\partial x}=0 \tag{2.23}$$

の解は $x-ct$ の関数であり，$u=f(x-ct)$ と表されることがわかる。これから，$\xi=x-ct$ が一定の値をとるとき u も一定値であり，u が一定の値となる点は $dx/dt=c$ で空間を移動する。

つまり，この方程式は，ある信号がその値を変えず，$c>0$ の場合 x の正方向に，また $c<0$ の場合 x の負方向に伝播していくことを表している。

一方，式 (2.22) の右辺はある点での u の時間変化率（左辺第2項を除いた）を表していることになる。音波でいうと式 (2.23) は，音源がない領域での音波の伝播を表しており，式 (2.22) の右辺は音源を表していると考えられる。これから，式 (2.22) の右辺はソース項あるいは源泉項と呼ばれ，この項が0である式 (2.23) は同次形と呼ばれる。

2.4.1　1階微分に対する差分

1次風上差分

$$c>0\text{ のとき}\qquad \frac{\partial u}{\partial x}=\frac{u_i-u_{i-1}}{\Delta x} \tag{2.24a}$$

$$c<0\text{ のとき}\qquad \frac{\partial u}{\partial x}=\frac{u_{i+1}-u_i}{\Delta x} \tag{2.24b}$$

これは，$c>0$ のとき**後退差分**，$c<0$ のとき**前進差分**とするのであるが，考える点の値と u_i と信号が伝わってくる方向（上流，風上）の一つ隣の点での値を用いて差分を構成している。ただ x 方向の差分は，x 方向の大きい点での値から小さい点での値を引くということに注意する。

この差分は1次風上差分と呼ばれ，物理的にも妥当であるが，式 (2.14)，(2.15) と同じように Tayler 展開を用いると，精度も1次精度にとどまることがわかる。後述するように，計算値の減衰が大きく，このままで用いられることはない。

前進差分と後退差分を逆にした，風下差分というものを考えることは可能であるが，物理的にも意味をなさないし，計算も不安定で用いられることはな

24   2. 偏微分方程式に対する数値計算法

い。

一方，考えている点のこう配を両隣の2点から計算するのが2次精度**中心差分**

$$\frac{\partial u}{\partial x} = \frac{u_{i+1} - u_{i-1}}{2\Delta x} \tag{2.25}$$

で表す。この差分化には，これに式（2.13）のEuler前進差分を組み合わせた差分方程式

$$\frac{u^{j+1} - u^j}{\Delta t} + c\frac{u_{i+1} - u_{i-1}}{2\Delta x} = 0 \tag{2.26}$$

は不安定で，このままでは使えない。また，上式を

$$u^{j+1} = u^j + c\frac{\Delta t}{2\Delta x}(u_{i+1}^j - u_{i-1}^j) \tag{2.27}$$

と書き換えるとわかりやすい。ここで

$$\lambda = c\frac{\Delta t}{\Delta x} \tag{2.28}$$

は**Courant数**と呼ばれる重要なパラメータで，時間Δtの間に信号の伝わる距離と格子の幅との比と考えられ，安定の条件として$\lambda < 1$でなければならない。

式（2.27）を見ると，u_iがjの奇数点での値と偶数点での値が振動的で，それぞれがほとんど同じ値である場合を考えると，式（2.27）の右辺は$(u_{i+1}^j - u_{i-1}^j) \approx 0$となって$u_i$がほとんど変化しないこととなり，1階微分の中心差分は，格子ごとの振動は解消されないことがわかる。

2.4.2 2階微分に対する差分

格子Boltzmann法では2階微分の項は出てこないが，拡散誤差などの解析に必要なので，ここで簡単に説明しておく。いま，微分方程式

$$\frac{\partial u}{\partial t} = \mu\frac{\partial^2 u}{\partial x^2} \tag{2.29}$$

を考えると，この式は1次元熱伝導方程式や1方向に流れる粘性流体の方程式として流体力学ではなじみ深い方程式で，μはそれぞれ熱伝導率，粘性率を表

2.4 空 間 差 分　25

している。また，2.1 節で述べたように，式（2.29）は拡散現象を表しており，熱伝導方程式の場合は熱の拡散，粘性流体の場合は運動量あるいは渦度の拡散を表している。

空間 2 階微分を

$$\frac{\partial^2 u}{\partial x^2} = \frac{\partial}{\partial x}\left(\frac{\partial u}{\partial x}\right) = \frac{1}{\Delta x}\left(\frac{u_{i+1} - u_i}{\Delta x} - \frac{u_i - u_{i-1}}{\Delta x}\right) = \frac{u_{i+1} - 2u_i + u_{i-1}}{\Delta x^2} \tag{2.30}$$

と中心差分で表すのが一般的である。右辺第 2 項の二つの差分は，$i+1/2$ および $i-1/2$ の 2 点における幅 Δx をとったときの 1 階微分係数に対する中心差分と考えると，この項はこの二つの差分を再度 Δx で差分をとったものとなっていることがわかる。この差分式は **Taylor 展開**をすればわかるように，2 次精度である。

時間微分に 1 次 Euler 差分を用いると

$$u_i^{j+1} = \kappa u_{i+1}^j + (1 - 2\kappa)u_i^j + \kappa u_{i-1}^j \tag{2.31}$$

と書ける。ここで

$$\kappa = \mu \frac{\Delta t}{\Delta x^2} \tag{2.32}$$

はしばしば**拡散数**と呼ばれるパラメータで，安定条件は $\kappa < 1/2$ である。差分式（2.31）を調べると，u_i^{j+1} はもとの値 u_i^j から 2κ 倍したものを引き，両隣の値の和 $u_{i+1}^j + u_{i-1}^j$ を κ 倍したものが加えられている。このことから，変数 u の凹凸が均されていくことがわかる。これは，拡散方程式（2.29）の特性とも一致する。

2.4.3 風上差分と数値粘性

ここで，空間 1 階微分に戻る。いま，1 次風上差分と中心差分の関係を見ると

$$c>0 \text{ のとき} \qquad c\frac{u_i - u_{i-1}}{\Delta x} = c\frac{u_{i+1} - u_{i-1}}{2\Delta x} - \frac{c\Delta x}{2}\frac{u_{i+1} - 2u_i + u_{i-1}}{\Delta x^2}$$

$$\tag{2.33a}$$

26   2. 偏微分方程式に対する数値計算法

$$c<0 \text{ のとき} \quad c\frac{u_{i+1}-u_i}{\Delta x}=c\frac{u_{i+1}-u_{i-1}}{2\Delta x}+\frac{c\Delta x}{2}\frac{u_{i+1}-2u_i+u_{i-1}}{\Delta x^2}$$

$$(2.33b)$$

であることがわかる。すなわち，風上差分は中心差分と拡散率が $|c|\Delta x/2$ である拡散項が組み合わせられたものと解釈できる。この拡散項は，分母が Δx^2 であることは必要ではなく，$u_{i+1}-2u_i+u_{i-1}$ の形が拡散を表し，ほかはこの項の係数と考えればよい。

式（2.33a, b）では粘性項は陽には現れず，差分のスキームの中に含まれており，数値計算で数値的に拡散効果として出てくるものであって，**数値粘性**あるいは**数値拡散**と呼ばれる。

この1次風上差分スキームは前述したとおり，数値粘性が大きく計算値が拡散してしまうので，普通では使用されることはない。ただ確実に計算を安定に保つので，どうしても振動が大きいところ，例えば衝撃波の前後などでは局所的に用いられる。

2.5　保存形表示と対流形表示

流体力学の基礎方程式を導く際に，検査体積に対して保存則を適用する。そのままの形で

$$\frac{\partial u}{\partial t}+\mathrm{div}[f(u)]=0 \tag{2.34}$$

と書かれるとき，この形を保存形表示と呼ぶ。例えば，1次元連続の式は

$$\frac{\partial \rho}{\partial t}+\frac{\partial}{\partial x}(\rho u)=0 \tag{2.35}$$

が保存表示となる。これを変形した

$$\frac{\partial \rho}{\partial t}+u\frac{\partial \rho}{\partial x}=-\rho\frac{\partial u}{\partial x} \tag{2.36}$$

は対流形と呼ばれる。式（2.35）と（2.36）は微分方程式としては同じであるが，差分で近似した場合異なったものとなる。例えば，式（2.36）の左辺第2

項は中心差分で書くと

$$u_i \frac{\rho_{i+1} - \rho_{i-1}}{2\Delta x} \tag{2.37}$$

であるが，密度 ρ と流速 u との定義点は違っている。

　一方，式（2.35）の本来の意味は，ある検査体積での密度（質量）の変化は，単位時間に流れに乗ってその体積を通過する質量 ρu の出入りの差を求めることに等しいというものである。この検査体積を 0 にした極限が偏微分方程式（2.35）であるが，数値計算は有限での定式化をするので，再度有限体積に戻す。この検査体積は 1 次元なので格子幅 Δx にとり，断面積を 1 とする。点 i を考えるとすると，検査面は $i+1/2$ と $i-1/2$ とに存在すると考えられる。第 2 項は検査体積の質量変化であるから体積を掛ける。時間微分に Euler 前進差分を用いると

$$\frac{u_i^{j+1} - u_i^j}{\Delta t} \Delta x + \left[(\rho u)_{i+1/2}^j - (\rho u)_{i-1/2}^j \right] = 0 \tag{2.38}$$

となり，見かけは空間中心差分の式

$$\frac{u_i^{j+1} - u_i^j}{\Delta t} + \frac{(\rho u)_{i+1/2}^j - (\rho u)_{i-1/2}^j}{\Delta x} = 0 \tag{2.39}$$

となる。ここで，ρu は $i+1/2$ と $i-1/2$ とで与えられており，数値流束と呼ばれ物理的な意味を持っている。これは，計算では出てきていないので，格子点（i が整数である点）の値から計算で求めることになるが，単純な両側からの算術平均では式（2.27）と同じ 2 次精度中心差分に帰着し計算は不安定である。この数値流束を見積もる際になんらかの減衰要素を加えることになるが，詳細は専門の解説書を参照されたい。

　ここでは，数値流束の概念が重要であり，この考えは空間を有限の大きさを持つ小さな領域で離散化していると考えるのである（有限体積法）。一方，本来の差分法は偏微分方程式を有限の離れた点の値で近似するということで，基礎となる考え方に違いがある。前者がより物理的な概念に近いと思われるが，数値流束も結局は格子点での値で近似することとなるので，見かけは同じよう

28   2. 偏微分方程式に対する数値計算法

な定式化になる場合も多い。

また，非構造的な格子を使う場合，各領域間の数値流束をどのように見積もるかは重要であり，これを直接的にコントロールすることで解の安定を図ることが可能であることをつけ加えておく。

また，格子 Boltzmann 法では移流項の係数は定数であり，移流形と保存形の形が同じであることも頭に入れておいてもらいたい。

2.6 高次風上差分スキーム

移流方程式に対する安定なスキームは，一般に中心差分になんらかの数値粘性項を加えたものと考えられる。これは，高次精度スキームにおいても同じで，代表的な高次風上差分スキームを以下に示す。

〔1〕 2次精度風上差分スキーム（QUICK）

2次精度中心差分に4次精度の4階微分数値粘性を加えると

$$c\frac{\partial u}{\partial x} = c\left(\frac{-u_{i+2}+10u_{i+1}-10u_{i-1}+u_{i-2}}{16\Delta x} + \frac{|c|}{c}\frac{u_{i+2}-4u_{i+1}+6u_i-4u_{i-1}+u_{i-2}}{16\Delta x}\right)$$

$$= \begin{cases} c\dfrac{3u_{i+1}+3u_i-7u_{i-1}+u_{i-2}}{8\Delta x} & c>0 \\ c\dfrac{-u_{i+2}+7u_{i+1}-3u_i-3u_{i-1}}{8\Delta x} & c<0 \end{cases} \tag{2.40}$$

を得る。

4階微分は2.1節で述べたように2階微分と同様粘性を表すが，2階ほど減衰は大きくなく，特に高周波のノイズに対する効果が顕著になる。このスキームは中心差分に Δx^3 の誤差があるので，分散的な誤差，すなわち増幅はしないが振動が現れる誤差を含む。

〔2〕 3次精度風上差分スキーム（UTOPIA）

4次精度中心差分に4次精度の4階微分数値粘性を加えて

$$c\frac{\partial u}{\partial x} = c\left(\frac{-u_{i+2}+8u_{i+1}-8u_{i-1}+u_{i-2}}{12\Delta x} + \frac{|c|}{c}\frac{u_{i+2}-4u_{i+1}+6u_i-4u_{i-1}+u_{i-2}}{12\Delta x}\right)$$

$$= \begin{cases} c \dfrac{2u_{i+1}+3u_i-6u_{i-1}+u_{i-2}}{6\varDelta x} & c>0 \\[3mm] c \dfrac{-u_{i+2}+6u_{i+1}-3u_i-2u_{i-1}}{6\varDelta x} & c<0 \end{cases} \tag{2.41}$$

を得る。

　等間隔格子の場合，1階微分に対する中心差分の誤差には偶数階微分の項は出てこない。すなわち，拡散あるいは減衰の効果は入っていないことに注意する。

2.7　風上差分スキームについて

　これまで述べた三つの風上差分法については，$\varDelta x$ を小さいとして Taylor 展開法によって誤差を見積もることができる。まとめると，1次風上差分は $\dfrac{1}{2}\dfrac{\partial^2 u}{\partial x^2}\varDelta x$ の数値粘性を含み，減衰が大きすぎる。QUICK は，数値粘性は $\dfrac{1}{16}\dfrac{\partial^4 u}{\partial x^4}\varDelta x^3$ と小さいが，中心差分から分散誤差 $\dfrac{1}{24}\dfrac{\partial^3 u}{\partial x^3}\varDelta x^2$ が出て，これは無視できない大きさである。

　一方，UTOPIA は，数値粘性が QUICK とほぼ同じ $\dfrac{1}{16}\dfrac{\partial^4 u}{\partial x^4}\varDelta x^3$ であるが，中心差分からの誤差は $\dfrac{4}{5!}\dfrac{\partial^5 u}{\partial x^5}\varDelta x^4$ の分散誤差であるが，QUICK に比べるとオーダーも $\varDelta x^2$ だけ小さいし，分散も5階微分からであり，波数の小さい誤差は出てこない。

　これらの詳細については文献（2-4）を参照されたい。

2.8　一般曲線座標系での差分形

　表面が任意の曲面形である物体まわりの流れの解析を行うとき，物体の曲面に沿った**境界適合座標**を用いることによって計算誤差を小さくすることが可能

30　　2.　偏微分方程式に対する数値計算法

である。境界適合座標において数値計算を行う際，物理空間内で定義された計算領域を，等間隔直交座標に写像したうえで数値計算を行うことが多い。物理空間から計算空間への座標変換の概要を以下に示す。

物理空間 (x, y, z) を等間隔直交座標で示した計算空間 (ξ, η, ζ) に座標変換を行う。物理空間から計算空間への写像関係式は，次式で表される。

$$\begin{cases} \xi = \xi(x, y, z) \\ \eta = \eta(x, y, z) \\ \zeta = \zeta(x, y, z) \end{cases} \tag{2.42}$$

式 (2.42) の変換は，チェーン則により次式のようになる。

$$\begin{pmatrix} \dfrac{\partial}{\partial x} \\[2mm] \dfrac{\partial}{\partial y} \\[2mm] \dfrac{\partial}{\partial z} \end{pmatrix} = \begin{pmatrix} \dfrac{\partial \xi}{\partial x} & \dfrac{\partial \eta}{\partial x} & \dfrac{\partial \zeta}{\partial x} \\[2mm] \dfrac{\partial \xi}{\partial y} & \dfrac{\partial \eta}{\partial y} & \dfrac{\partial \zeta}{\partial y} \\[2mm] \dfrac{\partial \xi}{\partial z} & \dfrac{\partial \eta}{\partial z} & \dfrac{\partial \zeta}{\partial z} \end{pmatrix} \begin{pmatrix} \dfrac{\partial}{\partial \xi} \\[2mm] \dfrac{\partial}{\partial \eta} \\[2mm] \dfrac{\partial}{\partial \zeta} \end{pmatrix} \tag{2.43}$$

後述するが，3 次元計算における差分格子 Boltzmann 法の基礎方程式の移流項は，次式で表される。

$$c_{i\alpha} \frac{\partial}{\partial x_\alpha} = c_{ix} \frac{\partial}{\partial x} + c_{iy} \frac{\partial}{\partial y} + c_{iz} \frac{\partial}{\partial z} \tag{2.44}$$

式 (2.44) に式 (2.43) を適用すると，次式が得られる。

$$\begin{aligned} c_{i\alpha} \frac{\partial}{\partial x_\alpha} = {}& c_{ix} \left(\frac{\partial \xi}{\partial x} \frac{\partial}{\partial \xi} + \frac{\partial \eta}{\partial x} \frac{\partial}{\partial \eta} + \frac{\partial \zeta}{\partial x} \frac{\partial}{\partial \zeta} \right) \\ & + c_{iy} \left(\frac{\partial \xi}{\partial y} \frac{\partial}{\partial \xi} + \frac{\partial \eta}{\partial y} \frac{\partial}{\partial \eta} + \frac{\partial \zeta}{\partial y} \frac{\partial}{\partial \zeta} \right) \\ & + c_{iz} \left(\frac{\partial \xi}{\partial z} \frac{\partial}{\partial \xi} + \frac{\partial \eta}{\partial z} \frac{\partial}{\partial \eta} + \frac{\partial \zeta}{\partial z} \frac{\partial}{\partial \zeta} \right) \end{aligned} \tag{2.45}$$

ここで，式 (2.45) を計算空間内で解くにはマトリクス関係式 ($\xi_x, \xi_y, \xi_z,$ $\eta_x, \eta_y, \eta_z, \zeta_x, \zeta_y, \zeta_z$) の具体的な値が必要となってくるが，これらを解析的に求めるのは困難である。したがって，これらを物理空間上の格子点 (x, y, z) の座標値から差分式を用いて，マトリクス関係式を数値的に求めることを考える。その導出過程を以下に示す。式 (2.43) の (x, y, z) と (ξ, η, ζ) を

2.8　一般曲線座標系での差分形　　*31*

入れ替えると，次式のようになる。

$$
\begin{pmatrix} \dfrac{\partial}{\partial \xi} \\[2mm] \dfrac{\partial}{\partial \eta} \\[2mm] \dfrac{\partial}{\partial \zeta} \end{pmatrix} = \begin{pmatrix} \dfrac{\partial x}{\partial \xi} & \dfrac{\partial y}{\partial \xi} & \dfrac{\partial z}{\partial \xi} \\[2mm] \dfrac{\partial x}{\partial \eta} & \dfrac{\partial y}{\partial \eta} & \dfrac{\partial z}{\partial \eta} \\[2mm] \dfrac{\partial x}{\partial \zeta} & \dfrac{\partial y}{\partial \zeta} & \dfrac{\partial z}{\partial \zeta} \end{pmatrix} \begin{pmatrix} \dfrac{\partial}{\partial x} \\[2mm] \dfrac{\partial}{\partial y} \\[2mm] \dfrac{\partial}{\partial z} \end{pmatrix}
\tag{2.46}
$$

逆行列を用いて式（2.46）を変形すると，次式で表される。

$$
\begin{pmatrix} \dfrac{\partial}{\partial x} \\[2mm] \dfrac{\partial}{\partial y} \\[2mm] \dfrac{\partial}{\partial z} \end{pmatrix} = \frac{1}{J} \begin{pmatrix} \dfrac{\partial y}{\partial \eta}\dfrac{\partial z}{\partial \zeta} - \dfrac{\partial z}{\partial \eta}\dfrac{\partial y}{\partial \zeta} & \dfrac{\partial z}{\partial \xi}\dfrac{\partial y}{\partial \zeta} - \dfrac{\partial y}{\partial \xi}\dfrac{\partial z}{\partial \zeta} & \dfrac{\partial y}{\partial \xi}\dfrac{\partial z}{\partial \eta} - \dfrac{\partial z}{\partial \xi}\dfrac{\partial y}{\partial \eta} \\[2mm] \dfrac{\partial z}{\partial \eta}\dfrac{\partial x}{\partial \zeta} - \dfrac{\partial x}{\partial \eta}\dfrac{\partial z}{\partial \zeta} & \dfrac{\partial x}{\partial \xi}\dfrac{\partial z}{\partial \zeta} - \dfrac{\partial z}{\partial \xi}\dfrac{\partial x}{\partial \zeta} & \dfrac{\partial z}{\partial \xi}\dfrac{\partial x}{\partial \eta} - \dfrac{\partial x}{\partial \xi}\dfrac{\partial z}{\partial \eta} \\[2mm] \dfrac{\partial x}{\partial \eta}\dfrac{\partial y}{\partial \zeta} - \dfrac{\partial y}{\partial \eta}\dfrac{\partial x}{\partial \zeta} & \dfrac{\partial y}{\partial \xi}\dfrac{\partial x}{\partial \zeta} - \dfrac{\partial x}{\partial \xi}\dfrac{\partial y}{\partial \zeta} & \dfrac{\partial x}{\partial \xi}\dfrac{\partial y}{\partial \eta} - \dfrac{\partial y}{\partial \xi}\dfrac{\partial x}{\partial \eta} \end{pmatrix} \begin{pmatrix} \dfrac{\partial}{\partial \xi} \\[2mm] \dfrac{\partial}{\partial \eta} \\[2mm] \dfrac{\partial}{\partial \zeta} \end{pmatrix}
\tag{2.47}
$$

ここで，J は Jacobian であり，次式で与えられる。

$$
\begin{aligned}
J = {} & \frac{\partial x}{\partial \xi}\left(\frac{\partial y}{\partial \eta}\frac{\partial z}{\partial \zeta} - \frac{\partial z}{\partial \eta}\frac{\partial y}{\partial \zeta} \right) \\[2mm]
& + \frac{\partial y}{\partial \xi}\left(\frac{\partial z}{\partial \eta}\frac{\partial x}{\partial \zeta} - \frac{\partial x}{\partial \eta}\frac{\partial z}{\partial \zeta} \right) \\[2mm]
& + \frac{\partial z}{\partial \xi}\left(\frac{\partial x}{\partial \eta}\frac{\partial y}{\partial \zeta} - \frac{\partial y}{\partial \eta}\frac{\partial x}{\partial \zeta} \right)
\end{aligned}
\tag{2.48}
$$

式（2.43），（2.47）を比較すると，以下のマトリクス関係式が得られる。

$$
\begin{cases}
\dfrac{\partial \xi}{\partial x} = \dfrac{1}{J}\left(\dfrac{\partial y}{\partial \eta}\dfrac{\partial z}{\partial \zeta} - \dfrac{\partial z}{\partial \eta}\dfrac{\partial y}{\partial \zeta} \right), & \dfrac{\partial \xi}{\partial y} = \dfrac{1}{J}\left(\dfrac{\partial z}{\partial \eta}\dfrac{\partial x}{\partial \zeta} - \dfrac{\partial x}{\partial \eta}\dfrac{\partial z}{\partial \zeta} \right), & \dfrac{\partial \xi}{\partial z} = \dfrac{1}{J}\left(\dfrac{\partial x}{\partial \eta}\dfrac{\partial y}{\partial \zeta} - \dfrac{\partial y}{\partial \eta}\dfrac{\partial x}{\partial \zeta} \right) \\[3mm]
\dfrac{\partial \eta}{\partial x} = \dfrac{1}{J}\left(\dfrac{\partial z}{\partial \xi}\dfrac{\partial y}{\partial \zeta} - \dfrac{\partial y}{\partial \xi}\dfrac{\partial z}{\partial \zeta} \right), & \dfrac{\partial \eta}{\partial y} = \dfrac{1}{J}\left(\dfrac{\partial x}{\partial \xi}\dfrac{\partial z}{\partial \zeta} - \dfrac{\partial z}{\partial \xi}\dfrac{\partial x}{\partial \zeta} \right), & \dfrac{\partial \eta}{\partial z} = \dfrac{1}{J}\left(\dfrac{\partial y}{\partial \xi}\dfrac{\partial x}{\partial \zeta} - \dfrac{\partial x}{\partial \xi}\dfrac{\partial y}{\partial \zeta} \right) \\[3mm]
\dfrac{\partial \zeta}{\partial x} = \dfrac{1}{J}\left(\dfrac{\partial y}{\partial \xi}\dfrac{\partial z}{\partial \eta} - \dfrac{\partial z}{\partial \xi}\dfrac{\partial y}{\partial \eta} \right), & \dfrac{\partial \zeta}{\partial y} = \dfrac{1}{J}\left(\dfrac{\partial z}{\partial \xi}\dfrac{\partial x}{\partial \eta} - \dfrac{\partial x}{\partial \xi}\dfrac{\partial z}{\partial \eta} \right), & \dfrac{\partial \zeta}{\partial z} = \dfrac{1}{J}\left(\dfrac{\partial x}{\partial \xi}\dfrac{\partial y}{\partial \eta} - \dfrac{\partial y}{\partial \xi}\dfrac{\partial x}{\partial \eta} \right)
\end{cases}
\tag{2.49}
$$

式（2.49）の右辺を差分で評価すればよい。例えば，式（2.49）の右辺にある $\partial x/\partial \xi$ は，次式のようになる。

$$
\frac{\partial x}{\partial \xi} = \frac{x(\xi + \varDelta \xi, \eta) - x(\xi - \varDelta \xi, \eta)}{2\varDelta \xi}
\tag{2.50}
$$

32   2. 偏微分方程式に対する数値計算法

　ここで，計算空間を格子間隔 1 の等間隔格子とすると，$\Delta\xi=\Delta\eta=\Delta\zeta=1$ となる。ほかの項も同様に差分により計算ができるので，マトリクス関係式 $(\xi_x, \xi_y, \xi_z, \eta_x, \eta_y, \eta_z, \zeta_x, \zeta_y, \zeta_z)$ が数値的に求まり，座標変換が完成する。

　また，2 次元空間においては式 (2.43)，(2.49) の z および ζ の項が消え，つぎのメトリクス関係式が得られる。

$$\begin{cases} \dfrac{\partial\xi}{\partial x}=\dfrac{1}{J}\dfrac{\partial y}{\partial\eta}, & \dfrac{\partial\xi}{\partial y}=-\dfrac{1}{J}\dfrac{\partial x}{\partial\eta} \\[2mm] \dfrac{\partial\eta}{\partial x}=-\dfrac{1}{J}\dfrac{\partial y}{\partial\xi}, & \dfrac{\partial\eta}{\partial y}=\dfrac{1}{J}\dfrac{\partial x}{\partial\xi} \end{cases} \tag{2.51}$$

ここで，J は Jacobian であり，次式で与えられる。

$$J=\frac{\partial x}{\partial\xi}\frac{\partial y}{\partial\eta}-\frac{\partial x}{\partial\eta}\frac{\partial y}{\partial\xi} \tag{2.52}$$

2 章 の 要 点

　時間微分が 1 階である発展方程式において，空間微分項の微分階数によってそれらの項の性質が変わることを説明した。

　偏微分方程式の数値解法について述べ，本書の中心的話題である差分格子 Boltzmann 法の基礎となる差分法による計算手法について詳しく解説した。

3. 格子 Boltzmann 法

　格子 Boltzmann 法は，規則的な格子上を移動する粒子により構成される
モデルを基礎としており，一見初等的な流体モデルであると考えられてい
た。その後，粒子の分布関数を導入することにより，Navier-Stokes 方程式
を回復することも明らかとなり，十分な精度で流体現象を模擬できる手法で
あることが明らかとなっている。

　本章では，格子 Boltzmann 法の発展の過程を簡単に述べる。

3.1　格子 Boltzmann 法の歴史

　格子 Boltzmann 法は，初期のモデルとして**格子気体モデル**があり，このモ
デルから発展してきたと考えられる。このモデルについては文献（3-16）に詳
しく述べたので，そちらを参照されたい。ここでは，概略にとどめておく。

3.1.1　格子気体法

　これは，2次元では六角形格子，正方形格子およびその対角線，そして 3 次
元では立方体格子およびその対角線を移動する粒子を計算することにより，流
体の運動をシミュレートする。ここで，正方形格子に対して対角線方向に沿う
粒子を導入するのは，辺に沿う粒子だけではモデルに十分な等方性が得られな
いからである。これについては，付録 2. を参照されたい。

　各格子点にはそれぞれの格子線に進む粒子が存在するが，数は 1 個以上には
ならず，またつぎの時間ステップでは隣接の格子点に達していなければならな
いというルールに従う。この拘束により演算に**ブール変数**（0 か 1 か）が使う

34   3. 格子 Boltzmann 法

ことができ，計算機のハードウェアの機能を直接使用し，計算時間を飛躍的に
短縮できた。あとは格子を移動したあと，それぞれの粒子は，定められた衝突
則で粒子の方向が変わる。衝突の際には粒子は2体衝突，3体衝突を含むが，
保存則として粒子数の保存（質量保存），運動量の保存のみが満足される。粒子
の運動エネルギーは保存されない。

このことから，格子気体モデルで再現される流体は，圧縮性はあるが熱力学
的な考察はできない。しばしば**等温モデル**という表現があるが，等温過程とい
うのは熱伝導率が非常に大きい場合の近似であり，もともと熱を考慮していな
いモデルで等温というのは正確ではない。われわれは，こういった衝突の際に
運動エネルギー保存を考慮しないモデルを**非熱流体モデル**と呼んでいる。

また，このモデルでは，粘性の効果で流体の運動エネルギーが減少するが，
それが熱に変換される過程は考慮されない。非圧縮 Navier-Stokes 方程式に近
いが，このモデルでは圧縮性があるので，厄介で奇妙なモデルである。

後述するように，衝突の際に粒子の運動エネルギー保存を保証するモデル
は，流体の熱エネルギーを考慮できる**熱流体モデル**と呼んで，これらについて
解説する。

粒子は，格子点から隣接の格子点に移動する際には，その質量はもちろんで
あるが，運動量，運動エネルギーは保存するので，問題は衝突の際の保存則で
あることに注意する。

この格子気体法での計算は，ノイズも大きく，現在の計算機のスピードを考
慮すると特段ブール演算を使用するメリットも薄れて，現在まったく使用され
ていない。

3.1.2 初期の格子 Boltzmann モデル

ブール演算を放棄し，実数演算で計算を進めると粒子の数も実数で表した分
布関数を考えるのが有効である。分子気体力学における分布関数は，物理空間
（3次元）および速度空間（3次元），そして時間の7次元の関数である。格子
Boltzmann 法では，このうち速度空間を整数個に限定する。この操作により，

考える次元は四つに減る。それに伴い分布関数は，有限個の速度を持つ粒子それぞれに対応する有限個の分布関数 $f_i(\boldsymbol{x}, t)$ を考えることになる。ここで，f は粒子の**分布関数**で密度の次元を持つと考える。また，添え字の i は速度の数で粒子の種類を表す。変数の t は時間で，$\boldsymbol{x}$ は空間を表すベクトルである。

格子 Boltzmann モデルは一般的に

$$f_i(\boldsymbol{x}+\boldsymbol{c}_i\varDelta t, t+\varDelta t)=f_i(\boldsymbol{x}, t)+\varOmega_i[f(\boldsymbol{x}, t)] \tag{3.1}$$

と書くことができる。ここで，$\boldsymbol{c}_i$ は粒子の速度ベクトルを表し定数である。式 (3.1) の左辺は時間 t にある格子点 $\boldsymbol{x}$ にあった粒子が，右辺第 2 項 $\varOmega_i[f(\boldsymbol{x}, t)]$ によりなんらかの変更を受け，そして $\varDelta t$ 時間後に隣接する格子点 $\boldsymbol{x}+\boldsymbol{c}_i\varDelta t$ にそのまま移動することを表している。

式 (3.1) は一つにまとめて書いているが，合計 i 個の方程式があるということに注意する。すなわち，**分子気体力学**の Boltzmann 方程式との違いでいうなら，速度空間を有限個の離散値に制限した分，その個数だけの方程式を解くことになる。

$\varOmega_i[f(\boldsymbol{x}, t)]$ 項は**衝突項**と呼ばれ，粒子の衝突によって $f_i(\boldsymbol{x}, t)$ の数の増減を表している。衝突項に対して衝突の際の保存量から

質量 $\qquad \sum_i \varOmega_i=0$ $\hfill (3.2)$

運動量 $\qquad \sum_i \boldsymbol{c}_i\,\varOmega_i=0$ $\hfill (3.3)$

そして必要であれば，熱流体に対して

運動エネルギー $\qquad \sum_i c_i^2\,\varOmega_i=0$ $\hfill (3.4)$

の条件を課す。ここで，$\sum_i$ は各格子点でのすべての粒子を加え合わせることを意味しており，分子気体力学において速度空間での積分に対応している。式 (3.4) の c_i は $c_i=|\boldsymbol{c}_i|$ である。また，各格子点での**流体力学的な変数**として

密度 $\qquad \rho=\sum_i f_i$ $\hfill (3.5)$

運動量 $\qquad \rho\boldsymbol{u}=\sum_i f_i\,\boldsymbol{c}_i$ $\hfill (3.6)$

そして，熱流体に対して

エネルギー $\qquad \dfrac{1}{2}\rho u^2+\rho e=\sum_i f_i\,c_i^2$ $\hfill (3.7)$

が定義される。ここで，e は単位質量当りの内部エネルギーである。そしてこれらの量は，分布関数の粒子速度 c_i の 0 次，1 次，2 次のモーメントを各格子点で加え合わせたものとして定義される。式 (3.5)，(3.6) から流れの流速は

$$u = \frac{\sum_i f_i c_i}{\sum_i f_i} \tag{3.8}$$

と表すことができる。

　また，式 (3.7) を見ると，粒子の運動エネルギーに対応するのは流体の運動エネルギーおよび**内部エネルギー**（熱に対応）であることがわかる。

　式 (3.1) の右辺の衝突項に対してはさまざまな衝突則が提案されており，現在も新しいモデルが提起されているが，多くは 3.2 節で述べる離散化 BGK モデルが用いられている。

　モデルの粒子は，格子点から隣接の格子点に移動し，そこで衝突子方向を変えるが，その際に質量，運動量，運動エネルギーのうち運動エネルギーを考慮しないモデルが多い。

3.2　離散化 BGK モデル

　まず，粒子の分布関数に**局所平衡状態**を仮定し，**局所平衡分布関数** $f_i^{(0)}(x, t)$ を定義する。局所平衡分布関数と流体力学的変数とは，平衡状態を仮定しない分布関数と同様

　　　密度　　　　$\rho = \sum_i f_i^{(0)}$ \hfill (3.9)

　　　運動量　　　$\rho u = \sum_i f_i^{(0)} c_i$ \hfill (3.10)

そして，熱流体に対して

　　　エネルギー　　$\dfrac{1}{2} \rho u^2 + \rho e = \sum_i f_i^{(0)} c_i^2$ \hfill (3.11)

を定義する。ここで注意すべきは，分布関数 $f_i(x, t)$ と局所平衡分布関数 $f_i^{(0)}(x, t)$ とは，各格子点で粒子速度 c_i に関するモーメントを加え合わされたものが同じものになるということであるが，個々の i に対しては一般に

$$f_i^{(0)}(\boldsymbol{x}, t) - f_i(\boldsymbol{x}, t) \neq 0 \qquad (3.12)$$

である。

ここで，式 (3.5)～(3.7) で表される粒子の分布関数の定義，およびその局所平衡分布関数の定義，式 (3.9)～(3.11) から衝突項での保存則，すなわち式 (3.2)～(3.4) に示される粒子全体の粒子数（質量），運動量，運動エネルギー保存則を満たしていることに注意されたい。

この差が小さいとして，式 (3.1) の衝突項を局所平衡分布関数と分布関数との差にある定数を掛けたものと定義（線形化）し

$$f_i(\boldsymbol{x}+\boldsymbol{c}_i \varDelta t, t+\varDelta t) = f_i(\boldsymbol{x}, t) + \frac{1}{\tau}[f_i^{(0)}(\boldsymbol{x}, t) - f_i(\boldsymbol{x}, t)] \qquad (3.13)$$

と書いたものが格子 Boltzmann 方程式（Bhatnagar Gross Krook, 略して BGK 方程式）と呼ばれており，格子 Boltzmann 法において最もよく用いられている方程式である。ここで，右辺の τ は定数で，**単一緩和係数**と呼ばれる。

この式の右辺は，衝突項は個々の粒子の衝突則は考えず，すべての粒子がその局所平衡状態からの差の定数倍を修正分として，もとの $f_i(\boldsymbol{x}, t)$ に加えるということである。そして，粒子はその値のまま $\varDelta t$ 後に隣接点 $\boldsymbol{x}+\boldsymbol{c}_i \varDelta t$ に移動する。

式 (3.1) の時間発展計算を安定に進めていくには，$1/\tau < 2$ すなわち $\tau > 1/2$ でなければならない。つまり，$\tau < 1/2$ の場合は修正値式 (3.12) が拡大されて修正がかかり，式 (3.12) の絶対値すなわち分布関数の局所平衡分布関数との差の絶対値がどんどん大きくなっていくので，計算は不安定となる。

一方，$1 > \tau > 1/2$ の場合，粒子数はオーバーシュートしながらも局所平衡分布関数との差の絶対値は小さくなり，平衡状態に近づいていくので計算も安定である。この過程は**過緩和**（over relaxation）と呼ばれる。

$1/\tau = 1$ の場合は，式 (3.13) からすぐにわかるように，粒子は衝突によって完全に局所平衡状態になり，そのまま隣接の格子点に移動することがわかる。

$\tau > 1$ の場合には，修正は小さく局所平衡分布関数との差は符号を変えることなく徐々に修正され，**亜緩和**（sub relaxation）と呼ばれる過程である。

38   3. 格子 Boltzmann 法

あとで詳しく述べるが，格子 Boltzmann 法で再現される Navier-Stokes 方程式における**動粘性率**は，この単一緩和係数と

$$\nu \sim \tau - \frac{1}{2} \tag{3.14}$$

の関係で結びついている。つまり，高い Reynolds 数の流れに対して，τ は $1/2$ に近い値でなければならないが，計算が安定に進む条件から $\tau > 1/2$ でなければならない。上記の考察から**高 Reynolds 数流れ**に対して，分布関数の局所平衡状態への緩和は，過緩和で行われるのがわかる。

この緩和過程の影響についての研究は，著者の知る限り見られない。注意すべきは，流体の粘性というのは，粒子の分布がその平衡状態へと近づくときの近づき方に関係しているということである。

また，$\tau \to 1/2$，つまり安定な計算の限界と，動粘性率 0（$\nu \to 0$）の極限と一致している。しかし，この一致に特別な物理的な意味はない。これについては 4 章の**差分格子 Boltzmann 法**のところで詳述する。

3.3　格子 Boltzmann 法で用いられる格子

格子 Boltzmann 法は，時間刻み Δt の間に粒子はある格子点から隣接した格子点に移動しなければならないので，必然的に格子は非常に規則的なものになる。また，有限個の方向しか持たない粒子によって再現される流れが，等方的なふるまいを示すためにはそれぞれの粒子の速度も，大きな制限を受ける。この点，用いられる格子が粒子のモデルを強く規定しているといえる。

2 次元では，**図 3.1** に示すような正方形格子に対角線を結ぶ格子を加えたもの，あるいは正三角形を組み合わせた格子である。3 次元の場合は，図 3.1（c）に示されるような立方体格子が用いられる。正方形，および立方体の一辺の長さおよび正三角形の一辺の長さをそれぞれ Δx としておく。

ここでは話を簡単にするため，2 次元モデルについて述べる。一つの格子点に着目すると，正方形格子では速度の絶対値が $|\Delta x/\Delta t|$ であり，正方形の辺に

3.4 2次元格子 BGK モデルの局所平衡分布関数   39

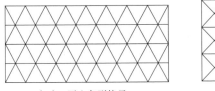
（a） 正六角形格子

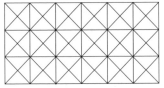
（b） 正方形格子

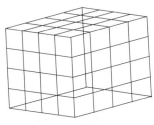
（c） 立方体格子

図 3.1　格子 Boltzmann 法で用いられる格子

沿って進む粒子4種類と，対角線に沿って進む速度の絶対値が $|\sqrt{2}\Delta x/\Delta t|$ の粒子4種類，そして速度0の粒子1種類の合計9種類の粒子を使う．六角形格子では六角形の6方向に進む，速度の絶対値が $|\Delta x/\Delta t|$ の6種類の粒子と速度0の粒子の合計7種類の粒子を用いる．

こういった幅 Δx の格子で広い空間を覆うのは，計算時間の面から不利である．この場合，格子を段階的に $2\Delta x$, $3\Delta x$, …と広げていき，そこでの時間刻みも $2\Delta t$, $3\Delta t$, …と変えていけば粒子の速度はそのままで，広がった格子においても時間刻みごとに隣接する格子点に移動するモデルの性質は変わらない．

ただこの格子の継ぎ目では，流速その他流体力学的な変数は連続であるが，その微係数にわずかながら不連続が生じることに注意されたい．

3.4　2次元格子 BGK モデルの局所平衡分布関数

3.4.1　2次元9速度モデル

詳細は後述するとして，2次元9速度モデル（D2Q9 モデルと略すことが多い）の局所平衡分布関数を考える．簡単のため，格子幅 $\Delta x=1$，および時間

幅 $\Delta t=1$ と置く。**図 3.2** は，用いられる粒子の分布を示している。ベクトルはそれぞれの粒子の速度を表しており，粒子の数ではない。これらの粒子速度は，**表 3.1** にまとめている。

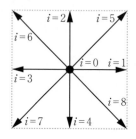

図 3.2　D2Q9 モデルの粒子分布

表 3.1　D2Q9 モデルの粒子速度

i	速度ベクトル	$|c|$
1	(0, 0)	0
2〜5	(1, 0), (0, 1), (-1, 0), (0, -1)	1
6〜9	(1, 1), (-1, 1), (-1, -1), (1, -1)	$\sqrt{2}$

局所平衡分布関数はテンソル表示で

$$f_i^{(0)} = t_p \rho \left[1 + \frac{c_{i\alpha} u_\alpha}{c_s^2} + \frac{u_\alpha u_\beta}{2 c_s^2} \left(\frac{c_{i\alpha} c_{i\beta}}{c_s^2} - \delta_{\alpha\beta} \right) \right] \tag{3.15}$$

$$c_s = \frac{1}{\sqrt{3}} \tag{3.16}$$

$$t_0 = \frac{4}{9}, \qquad t_1 = \frac{1}{9}, \qquad t_2 = \frac{1}{36} \tag{3.17}$$

と表される。ここで，$i=1$〜9 は，表 3.1 に示されるように，速度 0 の粒子から正方形の辺に沿って進む粒子，そして対角線に沿って進む粒子を表しており，合計 9 種類の粒子を考えることになる。t_0 は $i=1$ の粒子に対応し，t_1 および t_2 はそれぞれ $i=2$〜5 および $i=6$〜9 の粒子に対応する。c_i は粒子の速度ベクトルで，$|c|$ はその絶対値で $0, 1, \sqrt{2}$ の 3 種類である。また，ρ および u は流体力学変数のマクロな密度および流速である。添え字 α, β は 2 次元の座標，一般に 1, 2 と書くが x, y 座標に対応している。また，同じ項の中に α, β

3.4 2次元格子 BGK モデルの局所平衡分布関数 41

が重なって出てくるときは 1, 2 を代入して加え合わせる。これらのテンソルの規約は 1.2 節で説明したものと同じである。一方, c_s はこのモデルの音速に対応している。非熱流体であっても圧縮性はあり, 粗密波の伝播速度であって圧縮性熱流体の音速に対応し, ここでは音速と呼んでおく。

+++++ **少し進んだ話題** +++++++++++++++++++++++++++

式 (3.15) に与えられている多項式を, 分子気体力学における本来の平衡分布関数である Maxwell 分布の, 流速 u が小さい場合の Taylor 近似であると解釈する場合が多いようであり, 多くの文献にそのように説明されている。確かに, 式 (3.15) の多項式は Taylor 展開の第 2 項までの近似と一致している。

しかし, この多項式には, 流速 u が小さくなければならないという制限はないのである。実際には, このモデルでは, 流速が大きくなると Navier-Stokes 方程式との差が顕著になってくるはずである。それは, 4.3 節で述べる Chapmann-Enskog 展開において, 上記モデルが完全に Navier-Stokes 方程式を回復していないためであって, Taylor 展開における誤差ではない。

気体分子の Maxwell 分布:局所的な流体密度, 流速および温度によって一意的に決定される。Boltzmann 方程式の平衡解である Maxwell 分布 (distribution) を粒子の速度より, 十分小さな巨視的な流れ場における流速 u について 2 次から 4 次程度まで展開した式により局所平衡分布関数を近似する。Boltzmann 方程式の平衡解である Maxwell 分布は, 次式によって定義される。

$$f^{eq} = \frac{\rho}{(2\pi RT)^{3/2}} \exp\left[-\frac{(c_\alpha - u_\alpha)^2}{2RT}\right] \tag{1}$$

ここで, R は気体定数, T は温度である。連続的な変数に対する Maxwell 分布から, 格子 Boltzmann 法における離散的な粒子速度に対する局所平衡分布関数を求めるため, まず式 (1) を次式のように書き換える。

$$f^{eq} = A\rho \exp\left[B(c_\alpha - u_\alpha)^2\right] \tag{2}$$

ここで, A および B は Maxwell 分布を離散化した分布関数において, 適切に決定される未定係数である。非熱流体モデルでは, 式 (2) を u_α の 2 次の項まで Taylor 展開し, 流れ場の変数および巨視的な流れ場の支配方程式である連続の式と運動量保存式を満足するように決定される。また, 熱流体モデルでは, 式 (2) を u_α の 3 次の項まで Taylor 展開する。結局, c_α と u_α を含む多項式が導かれる。そして, この多項式の係数を, 流体力学的方程式が導かれるように決定することになる。

++

42   3.　格子 Boltzmann 法

つまり，式 (3.15) は 9 個の定義式を表していることに注意する。同様に式 (3.13) で表される発展方程式は 9 個あり，これを同時に解くことになる。

局所平衡分布関数 (3.15) が流速 u と粒子速度 c_i の多項式（いまの場合，2 次の多項式）で表されている。つまり，局所平衡分布関数はマクロな変数である密度 ρ，および流速 u によって，一意的に表されるということが重要である。

3.4.2　局所平衡分布関数の性質

局所平衡分布関数について少し述べる。流速が 0 の場合，すなわち流れが静止している場合，式 (3.15) は

$$f_i^{(0)} = t_p \rho \tag{3.18}$$

となる。この場合，粒子配分の重み t_p から一目瞭然に，静止している粒子の数は全体の 4/9 であることがわかり，正方形の辺に沿って進む粒子はそれぞれ 1/9，そして対角線に沿って斜めに進む粒子はそれぞれ 1/36 であり，かなり偏った粒子配分になっていることがわかる。もちろん，有限の流速では静止粒子の数は変わるが，低流速においてはやはり大きな割合を占めているのである。

つぎに有限流速の場合であるが，マクロな流れの流速 u は，粒子の分布関数で式 (3.8) で表されるが，局所平衡分布関数でも同様に

$$u = \frac{\sum_i f_i^{(0)} c_i}{\sum_i f_i^{(0)}} \tag{3.19}$$

となる。$|c| \sim O(1)$ [†1] であるから，流速もおのずから $O(1)$ であると考えられるかもしれない。しかし，式 (3.15) は任意の流速で定義可能なのである。流速が大きいときになにが起こるかについて，$f_1^{(0)}$，$f_2^{(0)}$，$f_4^{(0)}$ を対象として考えてみよう。流速を 1 方向（x 方向）の成分 u のみで u （>0）であるとする。式 (3.15) から

---

†1　$O(1)$ の記号は，大きさが 1 のオーダーであることを意味している。要するに，1 程度であるという意味であるが，かなり漠然とした概念である。

$$f_1^{(0)} = \frac{4\rho}{9}\left(1 - \frac{3}{2}u^2\right) \tag{3.20a}$$

$$f_2^{(0)} = \frac{\rho}{9}(1 + 3u + 3u^2) \tag{3.20b}$$

$$f_4^{(0)} = \frac{\rho}{9}(1 - 3u + 3u^2) \tag{3.20c}$$

であることがわかる。これを見ると，$f_1^{(0)}$ すなわち静止粒子は u が大きくなると，数が減っていき負の値となることがわかる。一方，$f_2^{(0)}$ は単調に増加し，$f_2^{(0)}$ はいったん減少するが，あとは増加する。両者の差は $2\rho u/3$ で，u とともに大きくなる。ほかの粒子を合わせて式（3.15）が得られることは，煩雑になるのでここでは述べないが，容易に確認できる。

　ここで重要なのは，局所平衡分布関数はあらゆる流速 u に対して定義される。トータルの粒子数は決まっているので，このモデルの場合は流速 0 の粒子の数を減らして，流速を与える粒子の数を増やしていることがわかる。この配分の割合は，このモデルが Navier-Stokes 方程式を回復するように決定されるが，これについては 5 章で述べる。

　また重要なことは，局所平衡分布関数ひいては分布関数（局所平衡分布関数との差は小さい）もあらゆる流速に対して定義されるが，これが計算可能であるか否かは別の問題である。

　実際には，安定に計算できる範囲は $|u/c_s| < 0.2$ ぐらいである。すなわち，格子 Boltzmann 法では，高 Mach 数流れの計算には困難が伴う。

3 章 の 要 点

　格子 Boltzmann 法の前段階の手法として，一つひとつの粒子の衝突則を定義し，平均値として流れを表すモデルとして格子気体モデルがあったが，それぞれの粒子を考えず，その分布関数の時間発展を考慮する格子 Boltzmann 法にとって変わられた。

　格子 Boltzmann 法のモデルには，流れの質量，運動量保存は満足するが，熱を含むエネルギー保存を考慮したモデルは少ない。

4. 差分格子 Boltzmann 法および ほかの離散化法による定式化

3章で述べた格子 Boltzmann 方程式は，もとの形は

$$\frac{\partial f_i(\boldsymbol{x}, t)}{\partial t} + c_{i\alpha}\frac{\partial f_i(\boldsymbol{x}, t)}{\partial x_\alpha} = \frac{1}{\tau}[f_i^{(0)}(\boldsymbol{x}, t) - f_i(\boldsymbol{x}, t)] \tag{4.1}$$

であり，**離散化 BGK（Bhatnagar-Gross-Krook）方程式**と呼ばれている。この名称は，分子気体力学における **BGK 方程式**から来ている。離散化の意味は，本来の速度分布関数は分子速度が連続的であり，本来連続変数である分子速度を有限個の定数である粒子速度で定義するので，速度空間において離散化されていると解釈すればよくわかる。この方程式は分布関数に対する**発展偏微分方程式**であり，粒子の数だけの数の方程式を解くことになる。

後述するように，**衝突項**では質量，運動量，また圧縮性の熱流体モデルではエネルギーを保存するように定式化されるが，力学で用いる「力」の概念を含んでおらず，それゆえこの方程式は**運動学的方程式**（kinetic equation）である。

また，この方程式は粒子の数だけ方程式がある連立方程式であるが，時間ステップを進める段階では独立に行う。Navier-Stokes 方程式は見てのとおり，連続の式，運動方程式，エネルギー方程式に同じ変数が現れており，基本的になんらかの形で連立して解く必要がある。離散化 BGK 方程式はこれとは違い簡単になる。1時間ステップ後に，新たな局所平衡分布関数を算出する際マクロな量を計算するが，そのときにすべての分布関数と粒子速度の重みづけしたものの加算が入り，ここですべてがつながるわけである。

また，離散化 BGK 方程式は分布関数 $f_i(\boldsymbol{x}, t)$ に関する線形の方程式である。式（4.1）の左辺は移流（波動）方程式であり，$\boldsymbol{c}_i$ に沿って $f_i(\boldsymbol{x}, t)$ は変化しない。そして，右辺は時間ステップごとに $f_i(\boldsymbol{x}, t)$ が変化する項で，ソース項（源泉項）と呼ばれる。

方程式自体が Navier-Stokes 方程式と比べ，きわめて単純な形となってい

るのは重要である。

それに前にも述べたが，c_i に沿う線というのが一般の**特性曲線**と異なり，すべて直線であるということである。また，流れの流速に関わらず，粒子は移動方向に移動している。すなわち，信号は流れの上流側にも伝播している。これはある意味で，音波が流れの上流に伝播するのと似ている。

数値計算は，この線形のソース項を持つ独立な**波動方程式**群を解いて，あと単純な加え合わせだけである。

4.1 従来の格子 Boltzmann 法の位置づけ

微分方程式（4.1）の時間進行に 1 次 Euler 差分，空間離散化に 1 次風上差分を適用すると

$$f_i(\boldsymbol{x}, t+\varDelta t) - f_i(\boldsymbol{x}, t) + \frac{|\boldsymbol{c}_i|\varDelta t}{\varDelta x}[f_i(\boldsymbol{x}, t) - f_i(\boldsymbol{x} - \boldsymbol{c}_i\varDelta t, t)]$$

$$= \frac{\varDelta t}{\tau}[f_i^{(0)}(\boldsymbol{x} - \boldsymbol{c}_i\varDelta t, t) - f_i(\boldsymbol{x} - \boldsymbol{c}_i\varDelta t, t)] \tag{4.2}$$

となる。ここで，格子 Boltzmann 法では一般に $|\boldsymbol{c}_i\varDelta t|/\varDelta x = 1$ としているので，f_i の時間発展は以下の差分方程式

$$f_i(\boldsymbol{x} + \boldsymbol{c}_i\varDelta t, t+\varDelta t) = f_i(\boldsymbol{x}, t) + \frac{\varDelta t}{\tau}[f_i^{(0)}(\boldsymbol{x}, t) - f_i(\boldsymbol{x}, t)] \tag{4.3}$$

で表されることになる。ここで，$\varDelta t = 1$ と置いたものが格子 Boltzmann 法における基礎方程式（3.13）となる。

この差分方程式はいくぶん特殊である。粒子はその速度を変えることなく確実に 1 時間ステップで隣接の格子点に達し，分布関数はその格子点で定義されるので，粒子数およびその速度は確実に保存される。こういう差分は完全移流型と呼ばれ，粒子の移動距離 $|\boldsymbol{c}_i\varDelta t|$ と格子間距離 $\varDelta x$ がつねに一致している。**完全移流型**の差分は，基本的に数値誤差がない。したがって，流れとしてすべての時間空間で質量，運動量，そして熱流体モデルにおいては流体のエネルギーの保存が厳密に成り立つ。これは Navier-Stokes 方程式などと異なり，変数の移流速度（粒子の移動速度に対応）がすべての空間で変化しない定数であ

46　　4.　差分格子 Boltzmann 法およびほかの離散化法による定式化

り，全空間を規則的な格子で覆うことによる利点である。

ただこの格子 Boltzmann 法は 4.3.2 項で述べるように，2 次精度の差分（実際には 1 次精度であるが結果的に 2 次精度になっている）であることに注意が必要である。

4.2　差分格子 Boltzmann 法

発展偏微分方程式（4.1）を解くということであれば，ほかの偏微分方程式を解くときと同じで，差分法以外にも有限体積法，有限要素法などを用いることは可能であり，実際に計算例も報告されている。

Navier-Stokes 方程式と異なり，拡散項の 2 階微分の項はなく，単純な波動方程式と右辺のソース項のみである。したがって，計算手法には，この波動方程式を精度よく安定に解く手法に特化すればよく，これまでにいくつか提案されている。このように，式 (4.1) を従来の差分で解く方法を**差分格子Boltzmann 法**と呼んでいる。

4.3.2 項で述べるように，式 (4.1) を直接解くのは結果的に粘性が大きすぎる問題があり，少し書き換えた方程式

$$\frac{\partial f_i(\boldsymbol{x}, t)}{\partial t} + c_{i\alpha}\frac{\partial f_i(\boldsymbol{x}, t)}{\partial x_\alpha} + c_{i\alpha}A\frac{\partial [f_i^{(0)}(\boldsymbol{x}, t) - f_i(\boldsymbol{x}, t)]}{\partial x_\alpha}$$

$$= \frac{1}{\tau}[f_i^{(0)}(\boldsymbol{x}, t) - f_i(\boldsymbol{x}, t)] \tag{4.4}$$

を解くことにする。ここで，左辺第 3 項は 4.3 節で明らかにするように，**負の粘性**あるいは拡散を表している。計算では，完全移流型の差分方程式 (3.13) を解くか，あるいは偏微分方程式 (4.4) をほかの差分スキームを用いて解くかが異なるだけで，あとのアルゴリズムはまったく同じである[1]。

計算のアルゴリズムは非常に簡単である。

---

[1]　差分格子 Boltzmann 法の数値誤差は，差分スキームによる誤差とモデルの誤差とがからみ合っているが，一般に流れの Mach 数が小さいほうが数値粘性が大きいことが示されている。文献 (4-11) を参照されたい。

（1） 式（4.1），あるいは式（4.4）を解いて時間ステップを進める。

（2） 式（3.5）～（3.7）を用いて，流体の密度 ρ，流速 u，これに加えて圧縮性熱流体の場合には単位質量当りの内部エネルギー e を計算する。

（3） これらを用いて局所平衡分布関数を計算する。

そして，（1）から（3）を繰り返すのである。

ステップ（2）で，流体として必要な変数は圧力を含めすべて求められる。

4.3　Chapmann-Enskog 展開

ここでは，離散化 BGK 方程式（4.4）から Navier-Stokes 方程式を導く手順について述べる。これは，離散化 BGK 方程式および格子 BGK 方程式を用いて計算した結果が，Navier-Stokes 方程式の解になっているということを保証するものであり，実際の計算とは無関係であるが，格子 Boltzmann 法の研究，特に新しいモデルの開発，格子 Boltzmann 法のより深い理解のうえで，必須の知識である。

以下の解析は，5.2 節で紹介する**熱流体モデル**を対象としている。もちろんほかのモデルでも基本的に同じであるが，**非熱流体モデル**にはエネルギー方程式は出てこない。

いま粒子の分布関数 f_i の，局所平衡分布関数からのずれ（非平衡成分）が非常に小さいとき，分布関数を**局所平衡分布関数**のまわりで次式のように展開する。

$$f_i = f_i^{(0)} + f_i^{neq} = f_i^{(0)} + \varepsilon f_i^{(1)} + \varepsilon^2 f_i^{(2)} + \cdots \tag{4.5}$$

ここで，f_i^{neq} は**非平衡成分**を表し，この非平衡成分が $f_i^{(j)} = O(1)$（$j = 1, 2, 3, \cdots$）と $\varepsilon(\ll 1)$ のべきのオーダーの項に展開できるとする。ここで，ε は分子気体力学での **Knudsen 数** Kn（= 分子の**平均自由行程** / 流れの基準の長さ）に対応し，非常に小さいとする。分子気体力学においても，流れがマクロな変数のみで表されるためには，この Knudsen 数が非常に小さいという

48   4. 差分格子 Boltzmann 法およびほかの離散化法による定式化

ことが必要である[†2]。

また，時間微分係数，空間微分係数も同様に

$$\frac{\partial}{\partial t} = \varepsilon \frac{\partial}{\partial t_1} + \varepsilon^2 \frac{\partial}{\partial t_2} \tag{4.6a}$$

$$\frac{\partial}{\partial x_\alpha} = \varepsilon \frac{\partial}{\partial x_{1\alpha}} \tag{4.6b}$$

$\partial/\partial t_l = O(\varepsilon^l)$ および $\partial/\partial r_l = O(\varepsilon^l)$ $(l=1, 2, \cdots)$. と**多重尺度展開**できるとする。

ここで，摂動法に慣れていない人にはなにをしているか理解に苦しむことになるかもしれない。おおまかな考え方を書くと，以下のようである。いま考えている方程式 (4.4) は微小なパラメータ ε を含んでいる。このとき変数 f は $\varepsilon=0$ のときの解，すなわち $f=f^{(0)}$ のまわりに ε のべきに展開されるとする。これが摂動法の基本であるが，状況によっては整数のべきでない場合も多い。これは，非平衡項の大きなものでも $\varepsilon f^{(1)}$ であり，$f^{(0)}$ に比較して小さいということを仮定している。

時間微分と空間微分とにも ε のべきに展開するのは多重尺度法といわれるもので，早い現象と比較的ゆっくりとした現象とを分離して解析する，きわめて有力な手法である。いまの場合，粒子の運動は小さいスケールでかつ時間的な変化は大きい。しかし，流体としての現象はそれらを平均化したものを見ていて，変化は時間的にも空間的にもゆっくりしている。これらの現象を，その現象に合ったスケールに直して解析するわけである。

[†2] 式 (4.1) の右辺のパラメータ τ は，次元を考えると時間の次元である。このパラメータは右辺の意味が，粒子が衝突によってその局所平衡状態に近づくことを表しており，τ は衝突頻度，あるいは衝突とつぎの衝突との時間間隔の平均値と考えられる。

そして，後述するように Navier-Stokes 方程式が得られるためには，粒子は頻繁に衝突が行われていなければならないので，τ は当然小さいと考えられる。そうすると右辺全体が，ほかの項と同じ大きさであるためには分布関数の非平衡成分 $f_i^{(0)}(\boldsymbol{x}, t) - f_i(\boldsymbol{x}, t)$ もまた τ 同様小さいと仮定するのである。後述するように，この仮定は必ずしもつねに成立するわけではない。

さらに，式 (4.5) の展開の微小パラメータ ε は，無次元化されたものと考えられるが，大きさとして $\tau \approx \varepsilon$ と考える。あとの解析はこの仮定に基づいている。

例えば，1日の温度変化は24時間のスケールで解析できる。しかし，1日の平均温度はおそらく1年のスケールで解析すべきであろう。また，氷期，間氷期などの長時間スケールでの温度変動は千年スケールで考える必要があるであろう。これを1日単位で考えてもなにも出てこない。

　このように，ある現象を解析する最適なスケールがあり，数学的解析にもこの考えを導入するのである。あとはまったく機械的な解析である。

　この解析で明らかになるのは，移流と拡散ではオーダーが異なるということである。

　定義式 (3.5)〜(3.7) および式 (3.9)〜(3.11) から，分布関数の非平衡成分に対し

$$\sum_i f_i^{(l)} = 0 \tag{4.7a}$$

$$\sum_i f_i^{(l)} c_{i\alpha} = 0 \tag{4.7b}$$

$$\sum_i \frac{1}{2} f_i^{(l)} c_{i\alpha}{}^2 = 0 \quad (l = 1, 2, 3 \cdots) \tag{4.7c}$$

が成り立つと考える。

　これらの展開を式 (4.4) に代入して ε のべきで整理し，ε の1次のオーダーを考えると

$$\frac{\partial f_i^{(0)}}{\partial t_1} + c_{i\alpha} \frac{\partial f_i^{(0)}}{\partial x_{1\alpha}} = -\frac{1}{\tau} f_i^{(1)} \tag{4.8}$$

となり，ε の2次のオーダーは

$$\frac{\partial f_i^{(1)}}{\partial t_1} + \frac{\partial f_i^{(0)}}{\partial t_2} + \left(1 - \frac{A}{\tau}\right) c_{i\alpha} \frac{\partial f_i^{(1)}}{\partial x_{1\alpha}} = -\frac{1}{\tau} f_i^{(2)} \tag{4.9}$$

を得る。後述するように，式 (4.8) からは Euler 方程式系，式 (4.8)，(4.9) から Navier-Stokes 方程式系が導出される。

+++++ **少し進んだ話題** +++++++++++++++++++++++++
　Chapmann-Enskog 展開から見えるのは，分布関数が Knudsen 数のべきで展開されるとし，その最初の項である局所平衡分布関数 $f^{(0)}$ が流体力学的な変数（密度，流速，内部エネルギーなど）で表されるとすれば，一種の入れ子構造で

式 (4.8) に $f^{(0)}$ を代入し $f^{(1)}$ が，そして式 (4.9) から $f^{(2)}$ も，逐次流体力学的変数で表されることになる。それにより，Navier-Stokes 方程式が導かれると考えるとわかりやすい。

Chapmann-Enskog 展開について：ここで説明する Chapmann-Enskog 展開は，分子気体力学における Boltzmann 方程式から流体力学で用いられてきた Navier-Stokes 方程式を導くことができることを示す。すなわち，Navier-Stokes 方程式は分子気体力学からもその正当性が保証されるということである。

ただこの解析は，数学的な難点があるという指摘もある。具体的には，式 (4.7a, b, c) は十分条件であり必要条件ではない。つまり，この条件は一般には成り立たない。すなわち，ε の各オーダーで密度，流速，内部エネルギーの非平衡成分は 0 である必要はない。すべての非平衡成分を加えたものが 0 となればよいのである。

この考えで京都大学の曽根が行った解析は，Sone 展開とも呼ばれるが，流れの条件，具体的に Reynolds 数および Mach 数によって Boltzmann 方程式の各項のオーダーを見積もり，そのあと ε でのべき展開を行っており，かなり複雑である。また，圧縮性が効いてくる Mach 数が高い場合には，粘性が効いてくる境界層と粘性が実質的に小さい Euler 領域とを分離した解析となるなど，Chapmann-Enskog 展開による結果と異なる場合もある。流れが 2 層に分離されるというのは，流体力学的に至極当然の結果である。これが，もとの Boltzmann 方程式のオーダーの見積もりから出てくるということである。

このオーダーの見積もりは，摂動法に相当熟達した人でないと理解は困難であると思われる。数学的な話もあるが，実際の流れでどの項が効いてくるかという物理的な直感も必要である。

初期の Riemann の解析では，Euler 方程式しか導出できなかったという歴史的ないきさつがあり，Chapmann-Enskog 展開は最初に Navier-Stokes 方程式ありきの解析であるといってもさしつかえないであろう。結果的に，解析の不備によって Navier-Stokes 方程式が導出されたともいえる〔文献 (4-35)，(4-36) 参照〕。

著者は格子 Boltzmann 法においても，この Sone 展開を適用するのが正しいと考えている。しかし，ここで述べる格子 Boltzmann 方程式，あるいは離散 BGK 方程式は，モデルの不完全性から一般には Navier-Stokes 方程式をも完全に回復していないのが事実である。

現存のモデルで計算された結果が，Navier-Stokes 方程式を近似的に解いているということを確認するのであれば，Chapmann-Enskog 展開は有用であると考

えている。また，中程度の Mach 数流れにおいて，Euler 領域と境界層領域が現れるのは格子 Boltzmann 方程式，離散化 BGK 方程式を直接解いても得られる。

つまり，計算の中で実質的に項の大小が計算されているので，それを前もって方程式の変形に取り入れるかどうかという問題であろう。

固体境界に粘着条件を適応すると，必然的に粘性が効いて流速が小さくなる領域ができる。すなわち，これらの二つの領域は計算の中で分離される。

ただ問題なのは，Navier-Stokes 方程式のレベル以上の流れ（希薄気体効果が出てくる）においての解析は，Chapmann-Enskog 展開においては Barnett 方程式および super-Bernett 方程式など方程式がどんどん複雑となっていくし，問題点も指摘されている。Sone 展開では，高いオーダーの方程式まで同次項が同じ形になっており，非同次項が複雑になっていくだけである。これは，一般的に摂動法を適用した場合に得られる結果である。

格子 Boltzmann 方程式を用いても，Barnett 方程式に対応した方程式が出てくる。しかし，このレベルの解析は現在の格子 Boltzmann 法のモデルを用いての解析は無理なのであって，粒子のモデルを格段に複雑にする必要がある。著者は，格子 Boltzmann モデルは Navier-Stokes 方程式のレベルで止めておくべきで，それ以上のレベルでの計算にはよほど注意して行わないと，間違った結果を招くと考えている。

Navier-Stokes 方程式のレベルで抑えるなら Chapmann-Enskog 展開での解析は簡便であり，大きな支障はないと思われる。

以上から，本書は従来の習慣に従い Chapmann-Enskog 展開を解説した。

摂動法についての解説は多く，巻末の文献を参照されたい。

＋＋＋＋＋＋＋＋＋＋＋＋＋＋＋＋＋＋＋＋＋＋＋＋＋＋＋＋＋＋＋＋＋＋＋

4.3.1 連 続 の 式

式（4.8）に 1 を掛けて各格子点ですべての粒子を加え合わせると

$$\frac{\partial \rho}{\partial t_1} + \frac{\partial \rho u_\alpha}{\partial x_{1\alpha}} = 0 \tag{4.10}$$

となる。また，式（4.9）から

$$\frac{\partial \rho}{\partial t_2} = 0 \tag{4.11}$$

が得られる。2 種類の時間，空間のスケールを見ることができるように上の 2 式を足し合わせると，連続の式（質量保存式）

$$\frac{\partial \rho}{\partial t} + \frac{\partial \rho u_\alpha}{\partial x_\alpha} = 0 \tag{4.12}$$

が得られる。ここで

$$\frac{\partial}{\partial t_1} + \frac{\partial}{\partial t_2} = \frac{\partial}{\partial t}, \quad \frac{\partial}{\partial x_{1\alpha}} = \frac{\partial}{\partial x_\alpha}$$

と書き換えた。高次の項からも式（4.11）と同じ式が得られ，連続の式は近似によって変化することはない。

4.3.2 運 動 方 程 式

式（4.8）に式（4.9）を加えて $c_{i\alpha}$ を掛け，各格子点ですべての粒子を加え合わせると

$$\frac{\partial}{\partial t}(\rho u_\alpha) + \frac{\partial}{\partial x_{1\beta}}(\rho u_\alpha u_\beta + p\delta_{\alpha\beta}) + \frac{\partial}{\partial t_1}\sum c_{i\alpha} f_i^{(1)} + \left(1 - \frac{A}{\tau}\right)\sum c_{i\alpha} c_{i\beta} \frac{\partial f_i^{(1)}}{\partial x_{i\beta}} = 0 \tag{4.13}$$

が得られる。ここで，運動量流束の定義式（3.6）を用いた。ここで明らかなように，ε の1次の項のみ，すなわち上式の第1項と第2項から Euler の運動方程式が得られる。ここで，式（4.13）においては ε および ε^2 がかかった項をまとめて書いており，あとの Navier-Stokes 方程式やエネルギー方程式における移流項と拡散項を同じように書くため ε を消去しているが，これらの項は ε のべきに応じた大きさになっていることに注意する。

上式の左辺第3項は，式（4.7b）により0になることがわかる。しかし，最後の項は残り，この項が粘性項となる。非平衡部分の第1項 $f^{(1)}$ はそのまま取り扱えないので，平衡分布関数 $f^{(0)}$，すなわち流体力学的変数で表すことを試みる。式（4.8）から

$$f_i^{(1)} = -\tau \left\{ \frac{\partial f^{(0)}}{\partial t_1} + c_{i\alpha} \frac{\partial f^{(0)}}{\partial x_{1\alpha}} \right\} \tag{4.14}$$

と表されるので，この項は

$$-(\tau - A)\sum_i c_{i\alpha} c_{i\beta} \frac{\partial}{\partial x_{1\alpha}} \left\{ \frac{\partial f^{(0)}}{\partial t_1} + c_{i\gamma} \frac{\partial f^{(0)}}{\partial x_{1\gamma}} \right\} \tag{4.15}$$

と書き換えられる。ここで，$f^{(0)}$ は 2 章および 3 章で示されているように，流体のマクロな量すなわち密度 ρ，流速 $\boldsymbol{u}$，および内部エネルギー e により定義されているので，上式の時間微分の項は

$$\frac{\partial f^{(0)}}{\partial t_1}=\frac{\partial \rho}{\partial t_1}\frac{\partial f_i^{(0)}}{\partial \rho}+\frac{\partial u_\alpha}{\partial t_1}\frac{\partial f_i^{(0)}}{\partial u_\alpha}+\frac{\partial e}{\partial t_1}\frac{\partial f^{(0)}}{\partial e} \tag{4.16}$$

と書くことができる。また，密度，流速，内部エネルギーの時間微分係数

$$\frac{\partial \rho}{\partial t_1},\quad \frac{\partial u_\alpha}{\partial t_1},\quad \frac{\partial e}{\partial t_1}$$

は Euler 方程式を通して空間微分に変換される。平衡分布関数 $f_i^{(1)}$ の空間微分

$$\frac{\partial f_i^{(0)}}{\partial \rho},\quad \frac{\partial f_i^{(0)}}{\partial u_\alpha},\quad \frac{\partial f_i^{(0)}}{\partial e}$$

は局所平衡分布関数の定義式から求められる。

少し式の変形を行うと，この粘性項は

$$-(\tau-A)\sum_i c_{i\alpha}c_{i\beta}\frac{\partial}{\partial x_{i\alpha}}\left(\frac{\partial f^{(0)}}{\partial t_1}+c_{i\gamma}\frac{\partial f^{(0)}}{\partial x_{i\gamma}}\right)$$

$$=-\frac{\partial}{\partial x_{i\alpha}}\left[\frac{2}{3}\rho e(\tau-A)\left(\frac{\partial u_\alpha}{\partial x_\beta}+\frac{\partial u_\beta}{\partial x_\alpha}\right)\right]-\frac{\partial}{\partial x_{i\alpha}}\left[\frac{4}{9}\rho e(\tau-A)\frac{\partial u_\gamma}{\partial x_{i\gamma}}\right]+E \tag{4.17}$$

と表されることがわかる。この式中，Navier-Stokes 方程式の粘性項にない項 E が出てくるが

$$E=(\tau-A)\left[\frac{\partial^2}{\partial x_{1\beta}\partial x_{1\gamma}}(\rho u_\alpha u_\beta u_\gamma)+\frac{\partial^2}{\partial x_{1\alpha}\partial x_{1\beta}}\left(\rho\,\frac{u^2}{2}\,u_\beta\right)+\frac{\partial^2}{\partial x_{1\beta}^2}\left(\rho\,\frac{u^2}{2}\,u_\alpha\right)\right.$$

$$\left.+\frac{\partial^2}{\partial x_{1\alpha}\partial x_{1\gamma}}\left(\rho\,\frac{u^2}{2}\,u_\gamma\right)\right] \tag{4.18}$$

であり，流速に対して 3 次で空間の 2 階微分の項である。これらの項は流速（流れの Mach 数）が小さいか，流れの変化が小さい場合には無視できる。式（4.17）から粘性率および第 2 粘性率が

$$\mu=\frac{2}{3}\rho e(\tau-A) \tag{4.19a}$$

$$\lambda=-\frac{4}{9}\rho e(\tau-A) \tag{4.19b}$$

と求められる。

ここで注目していただきたいのは，粘性率 μ と単一緩和係数 τ との関係である。式（4.19a）からわかるように，式（4.13）の A がかかった項は $A>0$ のときには負の粘性を表すことがわかる。

また，従来の格子 Boltzmann 法（完全移流型差分系表示）では，この A が $1/2$ となっている。これは差分を Taylor 展開した際の係数であり，この項は本来 2 次の負の数値粘性であるが，この項を物理的粘性の一部と考えると，モデルは 2 次の精度を持つと考えられる。一方，$\tau \to 1/2$ の極限は 3.3 節で述べたように安定に計算できる限界と，式（3.15）から粘性率が 0 になる極限とが一致している。

しかしこの一致は単なる偶然であって，なんら物理的な意味はない。現実に A には任意の数値を用いることができ，一般的に計算が安定にできる極限と，モデルにおいて粘性率が 0 になる極限とは一致しないのである。

4.3.3 エネルギー方程式

式（4.8），（4.9）に $c_{i\alpha}{}^2/2$ を掛けて各格子点ですべての粒子を加え合わせると

$$\frac{\partial}{\partial t}\Big[\rho\Big(e+\frac{u^2}{2}\Big)\Big]+\frac{\partial}{\partial x_{1\beta}}\Big[u_\alpha\Big\{\rho\Big(e+\frac{u^2}{2}\Big)+p\Big\}\Big]+\frac{\partial}{\partial t_1}\sum\frac{c_i^2}{2}f_i^{(1)}$$

$$+\Big(1-\frac{A}{\tau}\Big)\sum c_{i\alpha}\frac{c_i^2}{2}\frac{\partial f_i^{(1)}}{\partial x_{i\beta}}=0 \tag{4.20}$$

運動方程式の場合と同様，ε の 1 次の項のみ，すなわち上式の第 1 項と第 2 項から熱伝導のない Euler のエネルギー方程式が得られる。

同様に，式（4.7c）から上式の第 3 項が 0 であることがわかる。最後の項が熱拡散を表すことになる。運動方程式の場合と同様にして

$$-(\tau-A)\sum c_{i\alpha}\frac{c_i^2}{2}\frac{\partial}{\partial x_{i\alpha}}\Big(\frac{\partial f^{(0)}}{\partial t_1}+c_{i\gamma}\frac{\partial f^{(0)}}{\partial x_{i\gamma}}\Big)$$

$$=-\frac{\partial}{\partial x_{i\alpha}}\rho e(\tau-A)\Big[\frac{10}{9}\frac{\partial e}{\partial x_{i\alpha}}+\frac{2}{3}u_\beta\Big(\frac{\partial u_\alpha}{\partial x_\beta}+\frac{\partial u_\beta}{\partial x_\alpha}\Big)-\frac{4}{9}u_\alpha\frac{\partial u_\beta}{\partial x_{1\beta}}\Big]+E'$$

$$\tag{4.21}$$

＋＋＋＋＋　**少し進んだ話題**　＋＋＋＋＋＋＋＋＋＋＋＋＋＋＋＋＋＋＋＋＋＋＋

特異摂動法と注意：4.3 節の Chapmann-Enskog 展開は，Knudsen 数 ε が小さいとして粒子の分布関数を ε のべきで〔式 (4.5)〕

$$f_i = f_i^{(0)} + f_i^{neq} = f_i^{(0)} + \varepsilon\, f_i^{(1)} + \varepsilon^2\, f_i^{(2)} + \varepsilon^3\, f_i^{(3)} + \cdots \tag{1}$$

のように展開した。そして，このとき $\varepsilon \ll 1$ として，ε のべきが大きくなるに従い ε のかかった項全体がそのべきに従って小さいということを仮定していた。ε の 1 次の項まで考慮すると Euler 方程式が得られ，2 次の項まで考えると Navier-Stokes 方程式が得られることは述べた。このことは，すべての $f^{(n)}$ $(n = 0, 1, 2, \cdots)$ がそれほど大きくないということを前提とした議論である。

ここで，$f^{(3)}$ が非常に大きい場合を考えると，$\varepsilon^3 f^{(3)}$ の項は前記 1 次の項，2 次の項と比較して小さくて無視できるとはいえないばかりでなく，2 次の項 $\varepsilon^2 f^{(2)}$ よりも大きい場合も生じる。

このような場合，式 (1) のような展開により，前の項から順番に初めの項からとっていく手法（正則摂動法）はうまくいかなくなる。こういう場合の摂動法は特異摂動法と呼ばれ，一般的には領域のある部分で生じることが多い。そこでその領域だけ，別の方法で解くことになる。

ここではこういった手法については述べないが，格子 Boltzmann 法においてもこのケースはある領域で生じるのである。そして，それは固体境界の近傍や蒸発面で起こり，Knudsen 層と呼ばれる。4.6 節でも述べるが，この領域では Navier-Stokes 方程式は成り立たないのである。この現象は実際の気体でも起こるものであって，それが格子 Boltzmann モデルでも生じるのである。

著者は，格子 Boltzmann 法における境界条件の不具合は，この Knudsen 層の概念の知識がないと，根本的な解決はできないと考えている。

一方，特異接動法と直接に関係しないが，もともと Knudsen 数が大きな流れ，例えば圧力の低い希薄な流れの場合，式 (1) の右辺の各項が右側に行くに従い小さくなり，無視できるという仮定すら成り立たない流れとなる。このような流れでは，こういった摂動法による解析自体が成り立たない。

希薄気体を扱う場合以外にも，低 Reynolds 数流れの計算で流速を大きくすると，Reynolds 数の定義〔式 (1.31)〕

$$R = \frac{UL}{\nu} \tag{2}$$

から，Reynolds 数を小さく保つためには分母の動粘性率を大きくしなければならない。一方，動粘性率 ν と格子 Boltzmann モデルの緩和係数 τ との関係は，これまで式 (4.19) で示したように

$$\nu \sim \tau \tag{3a}$$

あるいは

$$\nu \sim \tau - A \tag{3b}$$

なる関係がある。ここで，A は負の粘性を表す量で $A > 0$ であるから，τ は大きな値でなければならない。緩和係数が大きいと式 (4.1)，(4.4) の右辺の衝突項から，1 回の衝突では十分に分布関数は局所平衡分布関数に近づかないことがわかる。これは，分子気体における平均自由行程が長くなったのと同じ効果で，Knudsen 数の大きな流れと同じである。この場合，式 (4.5) のような摂動展開での解析が不可能であり，Navier-Stokes 方程式は導出されない。

このとき，流れには不連続線が現れ，その不連続線は粒子の進む方向と同じ方向に延びる。この不連続を抑えるためには，流速を小さくし，緩和係数を小さくした計算を行うしかない。

流体力学における特異摂動法：微小パラメータを含む方程式で，解をそのパラメータで展開して逐次近似を高めていく方法が摂動法であるが，上述したように大部分の領域では無視できるほど小さい項が非常に大きくなり，単純な摂動法（正則摂動法）が成り立たない場合があり，流体力学ではこの特異摂動法の例が非常に多い。

詳細は専門書に譲るとして，Reynolds 数が小さい流れでは流れの変数，例えば流速を Reynolds 数で展開する方法があり，この方法では物体から離れた場所ではこの第 1 次近似が破綻する。近似を進めるには，遠方での流れとして Oseen 流れを考え，両者を接合していく方法がとられる。

逆に，Reynolds 数が大きい場合には，Reynolds 数の逆数 $1/Re$ で展開することを考える。第 1 次近似は非粘性の Euler 方程式となり，境界での粘着条件を満足させることはできず，滑りの条件を適用することになる。実際には，固体表面近くに粘性の大きな境界層（$1/Re$ が小さくても，速度の 2 階微分が大きく粘性項そのものは無視できない）が生じるのであり，Euler 方程式が成り立つ**外部領域**と，粘性が無視できない境界層**内部領域**と分けて計算しなければならないわけである。

一方，圧縮性流体において Mach 数が小さい場合に，変数を Mach 数の 2 乗で展開し，非圧縮性流れを第 1 次近似として，圧縮性流れを解析する M^2 **展開法**というものがあるが，これは珍しく**正則な摂動展開**である。

＋＋＋＋＋＋＋＋＋＋＋＋＋＋＋＋＋＋＋＋＋＋＋＋＋＋＋＋＋＋＋＋＋＋＋＋＋＋

ここで，Navier-Stokes 系エネルギー方程式に現れない項 E' は

$$E' = (\tau - A) \frac{\partial^2}{\partial x_{1\alpha} \partial x_{1\beta}} \rho u_\alpha u_\beta \frac{u^2}{2} \tag{4.22}$$

となり，流速の4次かつ空間の2階微分の項となり，流速（Mach 数）が小さいか，速度変化が小さいとき無視できる．式（4.21）の右辺第1項，第2項，第3項の係数は，それぞれ熱伝導率，粘性率，第2粘性率であり，熱伝導率は

$$k' = \frac{10}{9} \rho e (\tau - A) \tag{4.23}$$

となり，粘性率および第2粘性率は式（4.19a, b）に示されている．

ここでの解説は，発展方程式（4.4）に対して行ったが，まったく同様の解説が格子 BGK 方程式（3.13）および離散化 BGK 方程式（4.1）に対しても成立し，拡散係数の定義式（4.19a, b, c），（4.23）を除いてまったく同じである．ただし，格子 BGK 方程式に対しては，Taylor 展開による連続体近似を行っておく必要がある．

4.4 境 界 条 件

4.4.1 バウンスバックと鏡面反射

従来の格子 Boltzmann 法においては，固体表面での粘着条件を近似的に満足する「バウンスバック」（図 4.1）という手法がよく用いられている．この手法は，固体表面に向かった粒子はそのまま自分が来た方向に跳ね返るという単純なモデルである．理論の根拠は判然としないが，時間平均をとると，その場所では流速は0となるので，**粘着条件**を満足していることになる．

滑りの条件は，粒子を固体表面で鏡面反射（図 4.2）させるもので，両者と

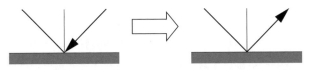

図 4.1 固体壁での粘着条件（バウンスバック）

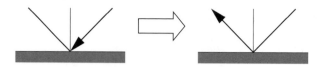

図 4.2 固体壁での滑りの条件（鏡面反射）

もに固体表面での速度の法線成分は 0 となるので，固体面での流体力学における境界条件に対応している．

4.4.2 局所平衡分布関数での定義

差分格子 Boltzmann 法においては，この方法の単純な適用は難しくなる．これは，差分格子 Boltzmann 法においては，粒子は格子点から格子点には完全に移動することはないので，流入する粒子を完全に反射させるのは近似的な計算になる．むしろ差分格子 Boltzmann 法における境界条件としては，境界適合座標を用いて境界上の点を格子点にとることにし，境界における局所平衡分布関数を境界条件に応じて定義するのが容易である．

その際，粘着条件として境界上の速度を 0 とした局所平衡分布関数を用いること（**拡散反射**）とするが，密度については流れ内部からの外挿により求める．内部エネルギー（温度）については，温度の境界条件がある場合はその値を使い，断熱の場合は上記と同様外部からの外挿によって決定する方法が用いられる．

密度を外挿によって決める方法は，確実に固体境界面上において質量（結果的に運動量，エネルギーも）出入りは 0 とはならない．しかし経験的には，その流量は無視できる程度に小さいことが確認されている．もちろん固体面での流入量と流出量との差を 0 とすることは可能であるが，面倒な計算になる．

また，移動する物体の場合は，局所平衡分布関数にその移動速度を入れることで簡単に対応できる．

一方，表面上の分布関数にその非平衡成分をも外挿する方法がある．この非平衡成分を 0 とせず外挿によって導入することにより，境界近傍での非平衡成分を過大にしない（摂動を非正則としない）ので，Knudsen 層での滑りを小

さくすることになるようである。

　上記で述べたように，分布関数の非平衡成分は流れのこう配を表すので，この操作は外部のゆるやかなこう配を外挿により固体表面に持ち込んだことになり，Knudsen 層における Navier-Stokes 方程式からは生じない大きな速度こう配（滑りの原因となっている）が生じるのを抑えることになる。

4.4.3　流入・流出境界条件

　流入・流出の条件も，局所平衡分布関数を導入することにより簡単に定義できる。例えば，無限遠方での一様流の場合，十分遠方の格子点で無限遠方の密度，温度，流速で決まる局所平衡分布関数を代入すればよい。

　下流で流出条件を設定する場合も，こう配を 0 とするなら最下流の格子点での局所平衡分布関数を上流のマクロ量から定義する，あるいは非平衡成分を含む全分布関数をすべて上流と同じとして定義することもできる。要するに，マクロな量から局所平衡分布関数を定義するか，非平衡成分を含め全分布関数で定義するかの違いになる。物体のない上流域での一様流中では，ほとんど非平衡部分は 0 になるので，どちらの方法で定義しても結果はほとんど違わない。

4.4.4　周期境界条件

　周期境界条件は，流れが無限の広さの領域で，空間的にある周期を持って繰り返すと仮定する。この場合，イメージとしては計算領域を円筒形に曲げて，何度も重なり合う領域になっていると考えるとわかりやすい。実際の計算領域は，この重なり合った円筒領域の任意の 1 周分ということになる。

　周期境界条件を差分格子 Boltzmann 法に適用する場合，その精度によるが，計算に必要な格子点を 1 周分以上に重なるところを残しておく。そして，必要に応じて外側の格子での値，あるいは内側の格子での値を対応する格子での値に移し替えるのである。計算領域の両端で同じ値を持つ格子点が存在することになる。

4.5 ALE 法の応用

並進，あるいは回転はするが変形はしない物体に対して，周囲の格子を物体と同じ速度で移動させることにより，移動物体まわりの流れを計算する有力な手段として用いられている **ALE 法**（arbitrary Lagrangian Eulerian formulation）を差分格子 Boltzmann 法への導入について述べる。

格子 Boltzmann 法は，粒子の速度など空間の固定された点での値として定義されている，いわゆる Euler 的記述を用いた手法である。一方，粒子法や離散渦法など粒子，あるいは渦点の動きに合わせて視点を変える Lagrange 的解法がある。

ALE 法は移動する物体に着目し，格子を移動させるという意味で Lagrange 的であるといえる。また，格子 Boltzmann 法で困難とされる高い Mach 数流れについて，うまくすると超音速流れの計算も可能である。

4.5.1 ALE 法の定式化

ALE 法は，離散化 Boltzmann 方程式の粒子移流速度 $c_{i\alpha}$ を格子移動速度との相対速度に置き換えることにより定式化される。

座標の移動速度 V_α との相対速度で置き換えると

$$\frac{\partial f_i}{\partial t} + (c_{i\alpha} - V_\alpha)\frac{\partial f_i}{\partial x_\alpha} - \frac{A}{\tau}c_{i\alpha}\frac{\partial(f_i - f_i^{(0)})}{\partial x_\alpha} = -\frac{1}{\tau}(f_i - f_i^{(0)}) \qquad (4.24)$$

と書き換えることができる。ここで，座標 x_α は速度 V_α で移動する移動座標系である。式（4.24）が計算モデルの基礎方程式である。

Chapman-Enskog 展開を用いると，移流速度が座標系の移動速度との相対速度に置き換わった連続の式

$$\frac{\partial \rho}{\partial t} + \frac{\partial}{\partial x_\beta}[\rho(u_\beta - V_\beta)] = 0 \qquad (4.25)$$

運動方程式

$$\frac{\partial \rho u_\alpha}{\partial t} + \frac{\partial}{\partial x_\beta}[\rho u_\alpha(u_\beta - V_\beta) + p\delta_{\alpha\beta}]$$

$$-\frac{\partial}{\partial x_\beta}\Big[\mu\Big(\frac{\partial u_\beta}{\partial x_\alpha} + \frac{\partial u_\alpha}{\partial x_\beta}\Big) + \lambda\frac{\partial u_\gamma}{\partial x_\gamma}\delta_{\alpha\beta}\Big] + G = 0 \qquad (4.26)$$

エネルギー保存式

$$\frac{\partial}{\partial t}\Big(\rho e + \rho\frac{u^2}{2}\Big) + \frac{\partial}{\partial x_\beta}\Big[\Big(\rho e + \rho\frac{u^2}{2}\Big)(u_\beta - V_\beta) + pu_\beta\Big]$$

$$-\frac{\partial}{\partial x_\beta}\Big[\kappa'\frac{\partial e}{\partial x_\beta} + \mu u_\alpha\Big(\frac{\partial u_\beta}{\partial x_\alpha} + \frac{\partial u_\alpha}{\partial x_\beta}\Big) + \lambda u_\beta\frac{\partial u_\gamma}{\partial x_\gamma}\Big] + H = 0 \qquad (4.27)$$

が得られる。

ここで，G, H は 4.3 節同様 Mach 数に依存する高次の誤差項であるが，通常は無視することができる。式 (4.25)～(4.27) は圧縮性 Navier-Stokes 方程式の ALE 表記である。

マクロな量はこれまでと同じ定義になる。

4.5.2 移動座標と静止座標の接合

物体とともに移動する座標について述べたが，移動物体と静止物体が共存する場合や，背景が静止していたりする場合，特に回転物体など座標を回転させると回転軸から離れた点では，粒子速度と格子の速度との相対速度が大きくなりすぎて計算が不可能となる。

そこで，**移動格子**と**静止格子**とをつなぐことが必要となる。一般には両方の格子を重ね合わせ，変数を内挿などにより両格子間で移し替えることが行われる。しかし，この方法は大変な計算量となる。差分格子 Boltzmann 法においては，きわめて単純な方法で両格子を接続することが可能で，この方法が十分に機能することがわかった。

その方法とは，両格子間に 1 格子分だけバッファ領域を設け，**図 4.3** に示すように，両者を一つの構造系格子として扱うのである。そして，格子の移動に伴い移動格子と静止格子との接合を切り替えていく。したがって，両座標の接合部は，両者とも等間隔であるのが望ましい。

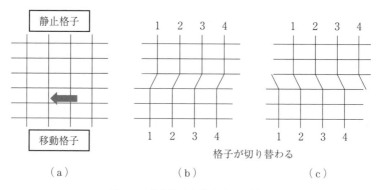

図 4.3 移動格子と静止格子の接合

切り替えの時点でなんらかの変数の不連続が生じるように考えられるが，実際には微かなノイズが生じる程度であり，音波の計算においてもまったく影響はない．

4.6 固体境界面での Navier-Stokes 方程式の解からのずれ

格子 Boltzmann 法は優れた計算のモデルであるが，完全に Navier-Stokes 方程式を回復しているわけではないことは注意すべきである．

ここで強調しておきたいのは，格子 Boltzmann モデルでの計算が Navier-Stokes 方程式の解となるのは，粒子の分布関数の非平衡成分が十分小さい場合である．つまり，Chapmann-Enskog 展開でパラメータ Knudsen 数で展開された項のうち，Knudsen 数の 2 次までの項が Navier-Stokes 方程式を表すわけで，それより高い項（小さい）が無視できる場合に限られるのである．すなわち，この非平衡成分が小さくない場合，言い換えると分布関数がその平衡状態から大きく外れると Navier-Stokes 方程式で表される流れとは違った流れになるということである．

この Navier-Stokes 方程式からのずれが無視できなくなるのは，気体の圧力が下がった希薄な気体で，固体境界付近で起こる．そして，これは希薄気体の流れでは実際に起こるが，同様の流れが格子 Boltzmann 法の計算においても

4.6 固体境界面での Navier-Stokes 方程式の解からのずれ　　63

生じるのである。典型的な例としては「滑り流」,「熱ほふく流」, そして「蒸発・凝縮流れ」がある。

「滑り流」は, 固体境界表面で流速を 0 と設定しても, Navier-Stokes 方程式で表される流れと比較すると, 固体境界付近で流速が大きくなり滑っているような流れとなる。正確には, 境界から離れたところでは Navier-Stokes 方程式が成り立つが, その領域の最も境界に近い場所での流れが, 境界表面近くで境界条件（粘着条件）を用いた場合に比べ速度が大きくなっており, 外部の Navier-Stokes 方程式領域から見ると, 境界で滑っているように見えるからである。

分子気体力学によると, 境界付近に Knudsen 層という一種の境界層が生じるためであると説明されている。この Knudsen 層内は Navier-Stokes 方程式により表される流れと異なった流れ（分布関数の非平衡成分が大きい）になるのであり, この層の厚さは平均自由行程のオーダーである。例えば, 10 Pa（約 1 000 分の 1 気圧）で 1 mm である。大気圧での気体では, Knudsen 層の厚さは無視できる程度であり, 滑りの効果は無視できる。すなわち, 固体境界での粘着条件を含め Navier-Stokes 方程式が成り立つ。

「熱ほふく流」というのは, 固体境界表面で温度分布があるとき, この Knudsen 層内で低温側から高温側へと流れが誘導される現象であり, 同様の流れが格子 Boltzmann 法の熱流体モデルでは生じる。普通の非熱モデルでは生じないが, これは温度の違いが粒子の速度分布の違いで表現できるという必要がある。

この熱ほふく流は, 高温の気体と低温の気体との粒子の速度の違いにより起こるが, Navier-Stokes 方程式が成り立つ場合は質量の移動（流れ）は生じず, エネルギーの移動（熱伝導）のみが生じる。壁面から反射した粒子のうち高温側の気体からきた粒子は減速され, 低温からの粒子は加速されるので平均として低温側から高温側へと流れが生じるのである。

注意すべきは, この現象は壁面がなければ生じないということである。壁面があり, そこで壁面の影響を受けて反射する粒子がまわりの粒子となじんでい

ないために生じる現象であるからである。したがって，格子 Boltzmann 法においても，壁面温度の影響を受けない完全な鏡面反射をさせるとこの流れは生じないが，これは現実性のない境界条件であるといえる。

また後述するように，2 種類の粒子の割合で温度を設定するパッシブ・スカラーモデルでは，この現象は起こらない。

滑りが生じる希薄な気体（中程度に希薄な気体）の場合でも，境界から離れた領域では Navier-Stokes 方程式が成り立っている。また，この非平衡領域は，差分格子 Boltzmann 法の場合，格子 1〜2 個程度の狭い領域で生じている。

5.8 節で詳しく述べるが，「蒸発・凝縮」の問題でも凝縮面（蒸発面も含む，相変化が起こる面をこのように表す）で非平衡な領域が生じる。

これら Navier-Stokes 方程式だけでは表されない流れについては，流れの**非等方性**が生じるということには注意する必要がある。

現在，格子 Boltzmann モデルを希薄気体流れに応用する試みがなされているが，現在のモデルでは Navier-Stokes 方程式のレベルで等方性を保つモデルがせいぜいで，大部分のモデルは Euler 方程式のレベルでしか等方性を保証しておらず，それ以上のレベル（上記の流れ）の等方性は保証されていないことに注意する必要がある。

4.7　有限体積法の応用

本節で紹介する手法は，厳密には差分格子 Boltzmann 法と呼ぶにはふさわしくないと思われるが，偏微分方程式（4.4）を格子を使って離散化する手法として，有限体積法を格子 Boltzmann 法に適用することについて簡単に述べる。

離散形 Boltzmann 方程式は，完全移流形差分で離散系として定式化されるのではなく，発展形偏微分方程式を基礎としているので，あらゆる偏微分方程式の解法が利用可能である。

有限体積法は，**構造格子**だけでなく**非構造格子**に対しても適用可能であり，ある意味では差分に比較し適用範囲が広いともいえる。ある**検査体積**（2次元では検査面積）を考え，それに流入・流出する質量，運動量，エネルギーを格子点で得られた値から，いかに精度よく近似するかが重要となる。

有限体積法を用いて，離散形 Boltzmann 方程式を定式化する方法を，特に**有限体積格子 Boltzmann 法**（finite volume lattice Boltzmann method, FVLBM）と呼ぶことがあり，ここでは FVLBM を用いる。以下は，実質的に2次の精度を持つ有限体積法について述べる。

有限体積法には隣り合う要素（セル）の境界面（線）に設定した節点で変数を定義する方法もあるが，セルの中心で定義するセル中心型有限体積法が一般的であるようである。ここでは，2次元の場合で説明する。

離散化 BGK 方程式（4.1）は，要素内で変数が一定値をとるとすると

$$S\frac{\partial f_i}{\partial t}+\sum_m f_{im}l_m\boldsymbol{c}_i\boldsymbol{n}_m=-\frac{S}{\tau}(f_i-f_i^{(0)}) \tag{4.28}$$

と書くことができる。ここで，S は要素の面積，$\boldsymbol{n}_m$ は境界に立てた外向きの単位ベクトル，l_m は境界の辺の長さである。

4.7.1 FVLBM の定式化

セル中心型有限体積法スキームは，セル内の分布関数 f_i が一定であるとしてセル辺上の f_{si} を決定した場合は1次精度，セル内の f_i が1次のこう配を持って分布しているとして f_{si} を決定した場合は2次精度となることがわかる。これから，より高次精度風上スキームを実現するためには，セル内の f_i が2次曲線式で分布していると仮定して f_{si} を決定すればよいと考えられる。また，ただ単に高次化するのではなく，解の振動を抑えるためにも風上スキームを意識する必要があることがわかっている。つまり，セル内の f_i の2次曲線式を仮定する場合，風上側のセルの情報に重きを置く必要がある。この手法は完全な3次精度とはならないので，準3次精度風上スキームと呼んでおく。

4.7.2 2点と1次微係数による準3次精度風上スキーム

図4.4に示すようなセルにおいて，セルAからセルBに向かう粒子の場合に，風上側セルAの分布関数$f_i(A)$と分布関数のこう配$\nabla \cdot f_i(A)$，風下側セルBの分布関数$f_i(B)$から，距離sを独立変数とする2次補間式を決定することで，境界E上の$f_i(E)$を求める方法を提案する。ここで，風上側セルAの情報は二つ，風下側セルBの情報は一つであるため，風上の情報が多い2次補間式が決定されることがわかる。以下，この方法を2点と1次微係数による準3次精度風上スキームと呼ぶこととする。距離sに関して，図4.4のs_0はセルAの重心からセルAの重心までの距離（つまり$s_0=0$）で，s_{AE}はセルAの重心から境界Eまでの距離，s_{AB}はセルAの重心からセルBの重心までの距離である。

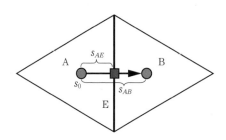

図4.4 隣接するセル間の関係

いま，f_iが図4.4のような距離sを独立変数とする2次式で近似されるとすると，距離sに関する微係数は式(4.30)で表される。

$$f_i(s) = \alpha_0 + \alpha_1 s + \alpha_2 s^2 \tag{4.29}$$

$$\frac{\partial f_i(s)}{\partial s} = \alpha_1 + 2\alpha_2 s \tag{4.30}$$

これから，$f_i(A)$と$f_i(B)$および微係数$f_i'(A)$は以下の式で表せる。

$$f_i(A) = \alpha_0 + \alpha_1 s_0 + \alpha_2 s_0^2 \tag{4.31}$$

$$f_i(B) = \alpha_0 + \alpha_1 s_{AB} + \alpha_2 s_{AB}^2 \tag{4.32}$$

$$f_i'(A) = \frac{\partial f_i(A)}{\partial s} = \alpha_1 + 2\alpha_2 s_0 \tag{4.33}$$

式(4.31)〜(4.33)を連立させると，α_0, α_1, α_2は次式で求めることができ

る。

$$
\begin{bmatrix} \alpha_0 \\ \alpha_1 \\ \alpha_2 \end{bmatrix} = \begin{bmatrix} 1 & s_0 & {s_0}^2 \\ 1 & s_{AB} & {s_{AB}}^2 \\ 0 & 1 & 2s_0 \end{bmatrix}^{-1} \begin{bmatrix} f_i(A) \\ f_i(B) \\ f_i{}'(A) \end{bmatrix} \tag{4.34}
$$

係数 α_0, α_1, α_2 を用いると，式（4.29）から境界 E 上の分布関数 $f_i(E)$ を評価することができる。

$$
f_i(E) = \alpha_0 + \alpha_1 s_{AB} + \alpha_2 {s_{AB}}^2 \tag{4.35}
$$

なお，式（4.33），（3.34）の微係数は別の形で次式と書ける。

$$
f_i{}'(A) = \frac{\partial f_i(A)}{\partial s} = \frac{\partial f_i(A)}{\partial x}\frac{dx}{ds} + \frac{\partial f_i(A)}{\partial y}\frac{dy}{ds} \tag{4.36}
$$

ここで，$\left(\dfrac{dx}{ds}, \dfrac{dy}{ds} \right)$ はセル A からセル B へ向かう単位ベクトルである。また，f_i のセル内のこう配 $\left[\dfrac{\partial f_i(A)}{\partial x}, \dfrac{\partial f_i(A)}{\partial y} \right]$ は，周囲の隣接するセルの値から

$$
\nabla f_i(A) = \frac{1}{2A} \sum_m \left[f_i(A) + f_i(B_m) \right] \boldsymbol{n}_m l_m \tag{4.37}
$$

で求める。ここで，B_m は隣接するセルで，$\boldsymbol{n}_m$ は境界に立てたセル A から隣接するセルに向かう単位ベクトル，l_m は境界の辺の長さである。

4.7.3 修正分布関数の導入

負の粘性項を考慮した方程式（4.4）を再録すると

$$
\frac{\partial f_i(\boldsymbol{x}, t)}{\partial t} + c_{i\alpha}\frac{\partial f_i(\boldsymbol{x}, t)}{\partial x_\alpha} + c_{i\alpha}A\frac{\partial [f_i^{(0)}(\boldsymbol{x}, t) - f_i(\boldsymbol{x}, t)]}{\partial x_\alpha}
$$
$$
= \frac{1}{\tau}[f_i^{(0)}(\boldsymbol{x}, t) - f_i(\boldsymbol{x}, t)] \tag{4.4}
$$

であるが

$$
f_i{}^* = f_i + \frac{A}{\tau}(f_i^{(0)} - f_i) \tag{4.38}
$$

と置くと，式（4.4）は

$$
\frac{\partial f_i}{\partial t} + \boldsymbol{c}_i \cdot \nabla f_i{}^* = \frac{1}{\tau}(f_i^{(0)} - f_i) \tag{4.39}
$$

68   4. 差分格子 Boltzmann 法およびほかの離散化法による定式化

と書くことができる。

4.8 スペクトル法の応用

複雑な領域の流れに対しての応用は難しくなるが，単純な形状の領域に対する計算法として**スペクトル法**があり，精度はきわめて高い。著者らはスペクトル法を用いて，乱流の直接計算，および四角柱まわりの流れを計算し，高い精度の結果が得られることがわかった。ただこの手法で，ここで紹介されている熱流体モデルを用いた計算をするのは，局所平衡分布関数の中に 3 次の非線形項があり，スペクトル法独特の**エリアッセン誤差**を除くために，非常に多くの計算が必要となる。ここでこの手法の記述をするのは多くの数式の羅列となるので，興味のある読者は文献（4-56）を参照されたい。

4 章 の 要 点

格子 Boltzmann 法は，そのもととなる離散化 BGK 方程式に戻ると，それは一方向に一定速度で信号が進む時間発展偏微分方程式により構成されている。この偏微分方程式を解く手法はこれまでにも数多く開発されており，それらを適用すれば格子 Boltzmann モデルの優れた点を生かした解法が得られる。

従来の格子 Boltzmann 法は，時間 1 次の完全移流型の差分表示となっている。

差分格子 Boltzmann 法においては，固体表面の境界条件を満たすよう境界点での局所平衡分布関数を与える方法がよい。

固体壁面では粘着条件を定義しても，見かけ上わずかに滑るような流れが見られる。これは，固体表面近くに Navier-Stokes 方程式では表されない境界領域（Knudsen 層）が現れるためである。格子 Boltzmann 法においては，この層を消し去ることは不可能であるが，境界上に分布関数の非平衡成分を外挿することで見かけ上の滑りを小さくできる可能性はある。

5. 格子 Boltzmann 法におけるモデル

　格子 Boltzmann 法におけるモデルには大きく**非熱流体モデル**と**圧縮性熱流体モデル**がある。現在，格子 Boltzmann 法は流れの多方面にわたって応用が広がっており，**混相流**（気液二相流）や**希薄気体流れ**にも用いられるようになった。また，格子 Boltzmann 法で用いられるモデルは，基本的には差分格子 Boltzmann 法で使用可能である。

　本章では，格子 Boltzmann 法で用いられるモデル（1 時間ステップで隣接の格子に進む）を述べ，差分格子 Boltzmann 法でのみ使用可能なモデルについても簡単に述べる。

　以下のモデルでは，解くべき発展方程式として 4 章で示した

$$\frac{\partial f_i(\boldsymbol{x},\,t)}{\partial t}+c_{i\alpha}\frac{\partial f_i(\boldsymbol{x},\,t)}{\partial x_\alpha}+c_{i\alpha}A\frac{\partial[f_i^{(0)}(\boldsymbol{x},\,t)-f_i(\boldsymbol{x},\,t)]}{\partial x_\alpha}$$

$$=\frac{1}{\tau}[f_i^{(0)}(\boldsymbol{x},\,t)-f_i(\boldsymbol{x},\,t)] \tag{4.4}$$

を用いることとする。

　モデルの定義とは，用いる粒子と局所平衡分布関数とを決定することである。

5.1　非熱流体モデル

非熱流体モデルは，3 章で述べたように，u_α の 2 次の多項式で表される。

$$f_i^{(0)}=\rho[A_i+B_ic_{i\alpha}u_\alpha+C_i(c_{i\alpha}u_\alpha)^2+D_iu_\alpha u_\alpha] \tag{5.1}$$

この式における定数 A, B, C, D を決定する条件は，密度，運動量，あるいは質量流束および運動量流束

$$\sum_i f_i^{(0)}=\rho \tag{5.2}$$

$$\sum_i f_i^{(0)} c_{i\alpha} = \rho u_\alpha \tag{5.3}$$

$$\sum_i f_i^{(0)} c_{i\alpha} c_{i\beta} = p\delta_{\alpha\beta} + \rho u_\alpha u_\beta \tag{5.4}$$

である。ここで，圧力 p は格子 Boltzmann 法のモデルから出てくるのではなく，流体力学方程式との関連から定義されるものであることは理解しておくべき事柄である。

〔1〕 2 次元モデル

これは 3.4 節の **D2Q9 モデル**（2 次元 9 速度モデル）であり，説明は省略する。

また，圧力 p は

$$p = \frac{1}{3}\rho \tag{5.5}$$

と定義され，これは状態方程式における等温過程に相当するが，このモデルは熱や温度自体の定義ができないということを理解する必要がある。

粘性率 μ は

$$\mu = \frac{1}{3}\rho(\tau - A) \tag{5.6}$$

ここで，式 (4.4) を用いたモデルでは $A\ (>0)$ は任意の定数であるが，一般の格子 Boltzmann 法におけるモデルでは $A = 1/2$ となる。

また，**音速**は

$$c_s = \sqrt{\frac{dp}{d\rho}} = \sqrt{\frac{1}{3}} \tag{5.7}$$

となって，温度とは無関係の一定値となる。

〔2〕 3 次元モデル（D3Q15 モデル）

このモデルは 15 種類の速度を持つモデルで，平衡分布関数は 15 種類あり，それらを解くことになる（**図 5.1**，**表 5.1**）。

係数は以下のように決定される。

5.1 非熱流体モデル

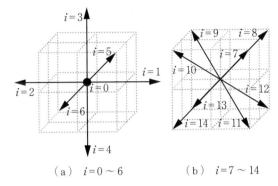

(a) $i=0 \sim 6$ （b) $i=7 \sim 14$

図 5.1 D3Q15 モデルの粒子分布

表 5.1 D3Q15 モデルの粒子速度

i	速度ベクトル	$|c|$
1	$(0, 0, 0)$	0
2〜7	$(2, 0, 0), (-2, 0, 0), (0, 2, 0),$ $(0, -2, 0), (0, 0, 2), (0, 0, -2)$	2
8〜15	$(1, 1, 1), (-1, 1, 1), (-1, -1, 1), (1, -1, 1),$ $(1, 1, -1), (-1, 1, -1), (-1, -1, -1), (1, -1, -1)$	$\sqrt{3}$

$$A_0 = \frac{1}{23}, \quad B_0 = 0, \quad C_0 = 0, \quad D_0 = \frac{7}{24}$$

$$A_{1-6} = \frac{1}{23}, \quad B_{1-6} = \frac{1}{24}, \quad C_{1-6} = \frac{1}{32}, \quad D_{1-6} = \frac{1}{48} \quad (5.8)$$

$$A_{7-14} = \frac{2}{23}, \quad B_{7-14} = \frac{2}{24}, \quad C_{7-14} = \frac{2}{32}, \quad D_{7-14} = \frac{2}{48}$$

また，圧力 p，粘性率 μ，音速 c_s はそれぞれ

$$p = \frac{24}{23} \rho \tag{5.9}$$

$$\mu = \frac{2}{3} \rho (\tau - A) \tag{5.10}$$

$$c_s = \sqrt{\frac{24}{23}} \tag{5.11}$$

音速は，2次元とは異なった定数となる。

5.2 熱流体モデル

局所平衡分布関数は

$$f_i^{(0)} = F_i \rho \Big[1 - 2Bc_{i\alpha}u_\alpha + 2B^2(c_{i\alpha}u_\alpha)^2 + Bu_\beta u_\beta$$
$$- \frac{4}{3}B^3(c_{i\alpha}u_\alpha)^3 - 2B^2 c_{i\alpha}u_\alpha u_\beta u_\beta \Big] \tag{5.12}$$

と定義し,係数を決定するための条件は,密度,運動量,あるいは質量流束,運動量流束,エネルギー,エネルギー流束を以下のように定義する.

$$\sum_i f_i^{(0)} = \rho \tag{5.13}$$

$$\sum_i f_i^{(0)} c_{i\alpha} = \rho u_\alpha \tag{5.14}$$

$$\sum_i f_i^{(0)} c_{i\alpha} c_{i\beta} = \rho(e\delta_{\alpha\beta} + u_\alpha u_\beta) \tag{5.15}$$

$$\sum_i f_i^{(0)} \frac{c_i^2}{2} = \rho\left(e + \frac{u^2}{2}\right) \tag{5.16}$$

$$\sum_i f_i^{(0)} c_{i\alpha} \frac{c_i^2}{2} = \rho u_\alpha \left(2e + \frac{u^2}{2}\right) \tag{5.17}$$

〔1〕 2次元モデル (D2Q21 モデル,高田のモデル)

このモデルは,図 5.2 に示すような速度 0 を含む 21 の速度を持つ,つまり 21 種類の粒子の分布関数を使う.熱流体は温度の違いを出すために,速度の異なる多くの粒子を必要とする.粒子速度および局所平衡分布関数の係数は,それぞれ表 5.2 および表 5.3 に示す.

このモデルから得られる状態方程式および拡散係数などは,つぎの 3 次元の

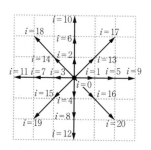

図 5.2 D2Q21 モデルの粒子分布

5.2 熱流体モデル　73

表5.2　D2Q21 モデルの粒子速度

i	速度ベクトル	$|c_i|$
0	$(0, 0)$	0
1〜4	$(1, 0), (0, 1), (-1, 0), (0, -1)$	1
5〜8	$(2, 0), (0, 2), (-2, 0), (0, -2)$	2
9〜12	$(3, 0), (0, 3), (-3, 0), (0, -3)$	3
13〜16	$(1, 1), (-1, 1), (-1, -1), (1, -1)$	$\sqrt{2}$
17〜20	$(2, 2), (-2, 2), (-2, -2), (2, -2)$	$2\sqrt{2}$

表5.3　D2Q21 モデルの局所平衡分布関数における係数

i	F_i
1	$1 + \dfrac{5}{4Bc^2}\left(\dfrac{17}{96B^2c^4} + \dfrac{35}{48Bc^2} + \dfrac{49}{45}\right)$
2〜5	$-\dfrac{1}{8Bc^2}\left(\dfrac{13}{16B^2c^4} + \dfrac{71}{24Bc^2} + 3\right)$
6〜9	$\dfrac{1}{16Bc^2}\left(\dfrac{5}{16B^2c^4} + \dfrac{25}{24Bc^2} + \dfrac{3}{5}\right)$
10〜13	$-\dfrac{1}{24Bc^2}\left(\dfrac{1}{16B^2c^4} + \dfrac{1}{8Bc^2} + \dfrac{1}{15}\right)$
14〜17	$\dfrac{1}{4B^3c^6}\left(\dfrac{Bc^2}{3} + \dfrac{1}{8}\right)$
18〜21	$-\dfrac{1}{1\,536B^3c^6}(2Bc^2 + 3)$
	$B = -\dfrac{1}{2e}$

モデルとまとめて示す。

〔2〕 3 次元熱流体モデル（D3Q39 モデル）

同じようにして，3 次元熱流体モデルで 39 種類の粒子を用いたモデルを**図 5.3** に示し，粒子速度と局所平衡分布関数の係数は，それぞれ**表5.4** および**表 5.5** に示す。

熱流体モデルから得られる**状態方程式**は

$$p = \frac{2}{D}\rho e \tag{5.18}$$

ここで，D は空間の次元で，2 次元では $D=2$，3 次元では $D=3$ となる。内

74   5. 格子 Boltzmann 法におけるモデル

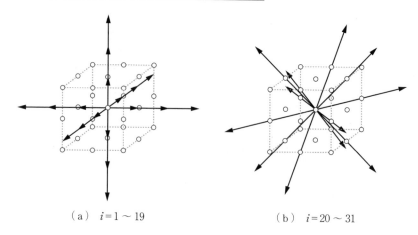

（a） $i=1\sim 19$　　　　　（b） $i=20\sim 31$

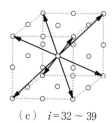

（c） $i=32\sim 39$

図 5.3　D3Q39 モデルの粒子分布

表 5.4　D3Q39 モデルの粒子速度

i	速度ベクトル	$\|c_i\|$
1	$(0, 0, 0)$	0
2～7	$(1, 0, 0), (-1, 0, 0), (0, 1, 0),$ $(0, -1, 0), (0, 0, 1), (0, 0, -1)$	1
8～13	$(2, 0, 0), (-2, 0, 0), (0, 2, 0),$ $(0, -2, 0), (0, 0, 2), (0, 0, -2)$	2
14～19	$(3, 0, 0), (-3, 0, 0), (0, 3, 0),$ $(0, -3, 0), (0, 0, 3), (0, 0, -3)$	3
20～31	$(2, 2, 0), (-2, 2, 0), (-2, -2, 0), (2, -2, 0),$ $(0, 2, 2), (0, -2, 2), (0, -2, -2), (0, 2, -2),$ $(2, 0, 2), (-2, 0, 2), (-2, 0, -2), (2, 0, -2)$	$2\sqrt{2}$
32～39	$(1, 1, 1), (-1, 1, 1), (-1, -1, 1), (1, -1, 1),$ $(1, 1, -1), (-1, 1, -1), (-1, -1, -1), (1, -1, -1)$	$\sqrt{3}$

5.2 熱流体モデル   75

表 5.5 D3Q39 モデルの局所平衡分布関数における係数

i	F_i
1	$1+\dfrac{1}{8Bc^2}\left(\dfrac{287}{80B^2c^4}+\dfrac{1\,549}{120Bc^2}+\dfrac{49}{3}\right)$
2〜7	$-\dfrac{1}{8Bc^2}\left(\dfrac{77}{80B^2c^4}+\dfrac{379}{120Bc^2}+3\right)$
8〜13	$\dfrac{1}{80Bc^2}\left(\dfrac{77}{40B^2c^4}+\dfrac{329}{60Bc^2}+3\right)$
14〜19	$-\dfrac{1}{120Bc^2}\left(\dfrac{21}{80B^2c^4}+\dfrac{67}{120Bc^2}+\dfrac{1}{3}\right)$
20〜31	$-\dfrac{1}{120B^2c^4}\left(\dfrac{7}{2Bc^2}+3\right)$
32〜39	$\dfrac{1}{20B^2c^4}\left(\dfrac{7}{16Bc^2}+1\right)$
	$B=-\dfrac{3}{4e}$

部エネルギーは**絶対温度**に比例すると考えられるから，定式は**理想気体**の状態方程式と考えることができる。

圧縮性 Navier-Stokes 方程式に現れる係数（拡散係数）は，粘性率

$$\mu=\frac{2}{D}\rho e(\tau-A) \tag{5.19}$$

第 2 粘性率

$$\lambda=-\frac{4}{D^2}\rho e(\tau-A)=-\frac{2}{D}\mu \tag{5.20}$$

熱伝導率（熱拡散率）

$$\kappa'=\frac{2(D+2)}{D^2}\rho e(\tau-A) \tag{5.21}$$

そして，音速は

$$c_s=\sqrt{\frac{2(D+2)}{D^2}e} \tag{5.22}$$

となる。

これから**比熱比**は

$$\gamma=\frac{D+2}{D} \tag{5.23}$$

となる。

ここで，代表的な気体である空気は2原子気体と考えられ，運動の自由度は**併進運動の自由度3**（当然3次元）と，**回転の自由度2**で$D=5$となり，比熱比は近似的に$\gamma=1.4$として扱われている。

詳細は後述するが，回転の自由度が2というのは，2原子の場合二つの原子をつなぐ軸を考えると，二つの原子の重心まわりの軸に垂直な2方向の回転にエネルギーを持つ。しかし，この軸まわりの回転はエネルギーを持たないと考えられるので，2原子気体のエネルギーに関連した自由度は合計5ということになる。

したがって，このモデルの場合，3次元では単原子気体（例えば，ヘリウム，アルゴン分子）での比熱比$\gamma=5/3\cong1.67$に対応させることはできる。しかし，2次元のモデルの場合$\gamma=4/2=2$となって，実在のどの気体とも対応しないことには注意が必要である。

これらの問題には，あとで述べる内部自由度を考慮するモデルを使うことで解決できる。これについては，5.4節で述べる。

5.3 完全にNavier-Stokes方程式を回復するモデル

これまで紹介してきたモデルは，非熱流体モデル，圧縮性熱流体モデルともに実はNavier-Stokes方程式を完全には回復していない。4.3.2項および4.3.3項で述べたように，粘性項と同じε^2のオーダーで，速度の3次の積の2階微分，そして熱流体では熱拡散項と同じオーダーで速度の4次の積の2階微分項が消えないのである。そういう意味では，これらのモデルは厳密にはEuler方程式モデルと呼ぶべきかもしれない。

要するに，粘性および熱拡散の計算には誤差を含む。しかし少し複雑になるが，これらの誤差項を消去し，完全にNavier-Stokes方程式を回復するモデルは存在する。

著者の認識では，これらのモデルに関する研究はいたって少ない。著者の知

るところ，現在三つのモデルが提案されているのみであると認識している。最初のモデルは Chen-Ohashi（文献（5-12））のモデルであろうが，ここでは著者が関連したモデルについて簡単に紹介する。

局所平衡分布関数に対する**拘束条件**は

$$\sum_i f_i^{(0)} = \rho \tag{5.24}$$

$$\sum_i f_i^{(0)} c_{i\alpha} = \rho u_\alpha \tag{5.25}$$

$$\sum_i f_i^{(0)} \frac{c_i^2}{2} = \rho\left(e + \frac{u^2}{2}\right) \tag{5.26}$$

$$\sum_i f_i^{(0)} c_{i\alpha} c_{i\beta} = \rho\left(\frac{2}{D} e \delta_{\alpha\beta} + u_\alpha u_\beta\right) \tag{5.27}$$

$$\sum_i f_i^{(0)} c_{i\alpha} c_{i\beta} c_{i\gamma} = \rho\left[\frac{2}{D} e (u_\alpha \delta_{\beta\gamma} + u_\beta \delta_{\gamma\alpha} + u_\gamma \delta_{\alpha\beta}) + u_\alpha u_\beta u_\gamma\right] \tag{5.28}$$

$$\sum_i f_i^{(0)} \frac{c_i^2}{2} c_{i\alpha} = \rho u_\alpha \left(\frac{D+2}{D} e + \frac{u^2}{2}\right) \tag{5.29}$$

$$\sum_i f_i^{(0)} \frac{c_i^2}{2} c_{i\alpha} c_{i\beta} = \rho\left[\frac{2}{D} e \left(\frac{D+2}{D} e + \frac{u^2}{2}\right)\delta_{\alpha\beta} + u_\alpha u_\beta \left(\frac{D+4}{D} e + \frac{u^2}{2}\right)\right] \tag{5.30}$$

である。

これらの条件を満足するモデルとして，前述した Chen らのモデル以外に片岡らのモデル，あるいは渡利らのモデルがある。詳細は文献（5-10），（5-13）を参照されたい。

5.4 比熱比を自由に設定できるモデル

世界的に見ると，格子 Boltzmann 法で用いられているモデルは非熱流体モデルが大部分である。圧縮性熱流体モデルは一般に不安定であり，使用に不便がある。そこで，圧縮性流れを計算するのであれば圧縮性 Navier-Stokes 方程式を解けばよいという考えが，格子 Boltzmann 法を研究している人々の間でも主流である。したがって，熱流体の複雑なモデルの開発はほとんど行われていないと思われる。

78   5. 格子 Boltzmann 法におけるモデル

ここで紹介する**比熱比**を自由に設定可能なモデル（内部自由度を考慮したモデル）というものについて簡単に説明する。

比熱比 γ というのは**定圧比熱**と**定積比熱**との比で，一般的に

$$\gamma = \frac{D+2}{D} \tag{5.31}$$

と表される。ここで，D は分子のエネルギーあるいは運動の自由度である。単原子分子（例えば，ヘリウム）の場合，分子の重心の移動方向で3個の自由度があるので，$\gamma=5/3$ である。

空気の場合，近似的に 1.4 である。これは，空気がさまざまな分子の混合体であるが，2原子気体であるとして，重心の運動の自由度と重心まわりの回転の自由度2で合計自由度は5となり，$\gamma=7/5$ となるからである。

問題は，格子 Boltzmann 法のモデルは，単原子気体に対するモデルであるということである。そうすると2次元のモデルの場合，自由度は2となり，$\gamma=2$ となって，現実には存在しない気体となる。

この問題を解決するのが，粒子に人為的にエネルギーの自由度を導入するモデルである。そして，エネルギー等分配則を適用する。このモデルによれば，モデルの次元に無関係に比熱比を設定できる。

この内部自由度を持つモデルには大きく2種類あり，別の分布関数を定義するものと，エネルギーの定義の際に新しいモード[†1]のエネルギーを導入するものである。後者が簡単なので，これについては片岡のモデルを用いて簡単に説明する。

ここで，エネルギーのモードは瞬時にして等分配されることを仮定する。この仮定により平衡分布関数の定義を

$$\sum_i f_i^{(0)} = \rho \quad \text{（質量）} \tag{5.32}$$

$$\sum_i f_i^{(0)} c_{i\alpha} = \rho u_\alpha \quad \text{（運動量）} \tag{5.33}$$

[†1] エネルギーのモードには重心の運動，回転が重要であるが，温度が上がると分子間の振動が励起される。これらは，急激な変化に対して対応にかかる時間（緩和時間）は異なる。衝撃波など急激な流れの変化では，その背後の流れでは強い非平衡状態（エネルギーが等分に分配されていない状態）が生じるということに注意が必要である。

$$\sum_i f_i^{(0)} c_{i\alpha} c_{i\beta} = p\delta_{\alpha\beta} + \rho u_\alpha u_\beta \quad (\text{運動量流束}) \tag{5.34}$$

$$\sum_i f_i^{(0)} \frac{1}{2}(c_i^2 + \eta_i^2) = \rho\left(e + \frac{u^2}{2}\right) \quad (\text{エネルギー}) \tag{5.35}$$

$$\sum_i f_i^{(0)} c_{i\alpha} \frac{1}{2}(c_i^2 + \eta_i^2) = \rho u_\alpha\left(e + \frac{u^2}{2}\right) \quad (\text{エネルギー流束}) \tag{5.36}$$

と書き換えることにより，つけ加えるべきエネルギーモードを任意に定義できる。ここで，3番目の式中の圧力は

$$p = (\gamma - 1)\rho e \tag{5.37}$$

と，任意の比熱比 γ を含む形に定義する。これは，2次元であれ3次元であれ，本来の気体の比熱比を持つ気体が定義されたことになる。

また，η_i は適当に粒子の運動を当てはめる。これは，エネルギーだけに関連する量であり，質量，運動量の定義には関係しない。

上記の定義を満足する局所平衡分布関数は η_i を含む形で定義されるが，詳細は文献（5-10）を参照されたい。

得られる Navier-Stokes 方程式に現れる係数は，粘性率，第2粘性率，熱伝導率はそれぞれ

$$\mu = (\gamma - 1)\rho e(\tau - A) \tag{5.38}$$

$$\lambda = -(\gamma - 1)^2 \rho e(\tau - A) = -(\gamma - 1)\mu \tag{5.39}$$

$$\kappa' = \gamma\rho e(\tau - A) \tag{5.40}$$

となり，音速も

$$c_s = \sqrt{\gamma\frac{p}{\rho}} = \sqrt{\gamma(\gamma - 1)e} \tag{5.41}$$

と与えられ，任意の比熱比に対応した気体が得られる。

5.5 差分格子 Boltzmann 法特有のモデル

前述したように，従来の格子 Boltzmann 法は完全移流型の差分形式で離散化されており，すべての粒子は1時間ステップで，ある格子点から隣接の格子

点に移動しなければならない．したがって，すべての粒子の速度には大きな束縛がある．

一方，差分格子 Boltzmann 法においては，曲線座標のように場所によって格子点どうしの位置関係が変わるので，上記の束縛はなくなる．この束縛が解けることにより，粒子の速度，方向の選択に大きな自由度が生じる．これは，差分格子 Boltzmann 法における大きな利点の一つである．

まず，この自由度の増加により，より少ない粒子数でモデルの構築が可能となる．また，モデルの等方性を上げることにも大きく貢献する．

前者として片岡のモデルは，おそらくこの特性を持つモデルとして最小の粒子数で構成されていると考えられる．

詳細は省くが，速度モデルを図 5.4 に示す．粒子速度の大きさ v_1, v_2 の間

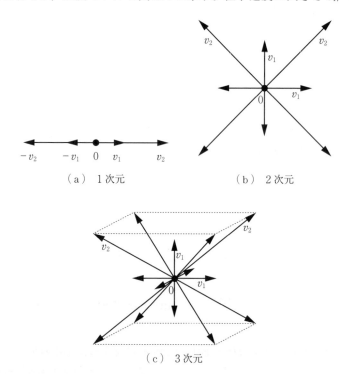

図 5.4 差分格子 Boltzmann 法特有の粒子数を減らした速度モデル（片岡）

には適切な関係があり，それにより質量，運動量，エネルギーが式（5.32）〜（5.36）のように定義される．

一方，渡利のモデルは，図5.5（a）に示すように，2次元の場合，正多角形の頂点に向かう粒子の集まりで局所平衡分布関数が定義される（いまの場合，正八角形）．3次元の場合，図5.5（b）および（c）に示す正12面体および正20面体の面の中心に向かう粒子で構成されている．これらの粒子は，2次元での正方形格子や3次元での立方体格子の頂点をつなぐ線とはまったく無関係に定義されている．したがって，差分格子Boltzmann法でのみ用いうるモデルである．

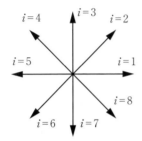

（a）八角形の頂点に向かう粒子で構成される（3章の図3.2で示したD2Q9モデルと斜めに飛ぶ粒子の速度が異なることに注意）

（b）3次元モデルの基礎となる正12面体（左）と正20面体（右，粒子はこの面の中心に跳ぶ）

図5.5 差分格子Boltzmann法特有の等方性を高めたモデル（渡利）

正多角形および正多面体に基礎を置いていることから，モデルの等方性は高い．これは，モデルのNavier-Stokes方程式からの誤差部分も等方性が高いと考えられ，希薄気体（**高Knudsen数流れ**）など高次のオーダーの項が重要となってくる場合の計算では大きく影響してくる．もちろん，これで希薄気体の計算が可能になるというわけではない．

5.6 局所平衡分布関数に付加項を加えることにより得られる方程式

3.4節や本章で述べてきたように，粒子の分布関数を流速および粒子速度の

82　　5.　格子 Boltzmann 法におけるモデル

多項式で表すと，結果として流体力学方程式である Navier-Stokes 方程式が得られる。特に熱流体の場合，理想気体の流れが得られる。これは，自然に出てくるのではなく Navier-Stokes 方程式が出てくるように，局所平衡分布関数に現れるさまざまな係数を調整することによる。

また，気体として理想気体が出てくるのは，理想気体というのが気体分子の相互の作用が分子の衝突時にのみ起こるということに関係している。格子Boltzmann 法における粒子も，衝突時にのみ分布関数が修正を受け，局所平衡分布関数へと近づくモデルである。粒子は衝突時以外，つまり並進運動する際には互いに相互作用がない。このことから，格子 Boltzmann 法におけるモデルは，理想気体を再現することとなる。

以下で述べる複雑流体のモデルは，モデルの修正を行うが，これはなんらかの形で**分子間力**を導入していることになる。

Navier-Stokes 方程式は移流拡散方程式の一つである。すなわち，質量，運動量，エネルギーが流れに乗って空間を移動する。Euler 方程式は移動（移流）のみであるが，Navier-Stokes 方程式の場合はこれに拡散が伴う。単相では，運動量の拡散（粘性）およびエネルギー拡散（エネルギー伝導）である。多成分流体では，成分間の混合が起こる。

5.6.1　**離散化 BGK 方程式に対する付加項について**

離散化 BGK 方程式に新たに項を加えることにより，いろいろな性質の流体を得ることが可能である。

この付加項は，運動方程式に現れると**外力の項**となり，またエネルギー拡散係数を変えて，流れの **Prandtl 数**を 1 以外のものに変えることも簡単にできる。ここで，単純な格子 Boltzmann 法のモデルでは，Prandtl 数は 1 に固定されることに注意されたい。

この付加項により，重力の影響，気液界面の分離，気液の大きな質量差，液体中の音波の伝播（液体の**弾性率**の定義），粘性の速度こう配依存性の変更（**非 Newton 流体**の定義）などが可能となる。

5.6 局所平衡分布関数に付加項を加えることにより得られる方程式　　*83*

ひるがえっていうと，この項を適切に定義すれば，あらゆる移流拡散方程式が得られる。つまり，離散化 BGK 方程式のチューニングにより，Navier-Stokes 方程式のみならず，あらゆる種類の流体の方程式を解くことが可能となる。

ただこういった付加項を定義する際に，一般にはマクロな変数およびそれらの微係数を使って付加項を決めることが多い。しかしこれは，マクロな方程式を解いているのではなく，解いている方程式はあくまで離散的 Boltzmann 方程式であって，その有利性は保たれていることに注意する。

また，格子 Boltzmann 法は一般にいえることであるが，粒子の分布関数は連続変数で，離散的な粒子の運動は直接扱うことはなく，分布関数の発展方程式（偏微分方程式）を解くのであるが，後述する気液界面の気液の分離の計算のように，直接粒子を取り扱う場合もある。

こういうところから，格子 Boltzmann 法は連続関数の発展を解くとともに，**粒子法**としての特徴も備えたユニークな計算手法と考えることもできる。

ここでは，運動量方程式に外力を加えるという方法で，さまざまな流体を模擬することを考える。

$$\frac{\partial f_i}{\partial t} + c_{i\alpha}\frac{\partial f_i}{\partial x_\alpha} = -\frac{1}{\tau}(f_i^{eq} - f_i) + \frac{(c_{i\alpha} - u_\alpha)F_\alpha}{\rho c_s^2}f_\alpha^{eq} \tag{5.42}$$

ここで，離散型 BGK 方程式には，負の粘性項に対応する項は含めていない。含まれる場合も粘性率の変更だけで以下の議論はそのまま成立する。

上式の最後の項は，連続の式には現れず，運動方程式には単位質量当りの体積力として現れる。

$$\frac{\partial \rho}{\partial t} + \frac{\partial \rho u_\alpha}{\partial x_\alpha} = 0 \tag{5.43}$$

$$\frac{\partial \rho u_\alpha}{\partial t} + \frac{\partial \rho u_\alpha u_\beta}{\partial x_\alpha} = -\frac{\partial p}{\partial x_\alpha} + \mu\frac{\partial}{\partial x_\beta}\left(\frac{\partial u_\beta}{\partial x_\alpha} + \frac{\partial u_\alpha}{\partial x_\beta}\right) + \lambda\frac{\partial}{\partial x_\alpha}\left(\frac{\partial u_\gamma}{\partial x_\gamma}\right) + \rho F_\alpha \tag{5.44}$$

非熱流体の場合はこれでよいが，熱流体の場合には以下の第3項のように

$$\frac{\partial}{\partial t}\Big(\rho e+\frac{1}{2}\rho u^2\Big)+\frac{\partial}{\partial x_{1\alpha}}\Big(\rho e+p+\frac{1}{2}\rho u^2\Big)u_\alpha+\rho F_\alpha u_\alpha$$

$$=\frac{\partial}{\partial x_{1\alpha}}\Big(k\,\frac{\partial e}{\partial x_{1\alpha}}\Big)+\mu\,\frac{\partial}{\partial x_{1\alpha}}\Big[u_\beta\Big(\frac{\partial u_\beta}{\partial x_{1\alpha}}+\frac{\partial u_\alpha}{\partial x_{1\beta}}\Big)\Big]+\lambda\,\frac{\partial}{\partial x_{1\alpha}}\Big(\frac{\partial u_\beta}{\partial x_{1\beta}}\,u_\alpha\Big)$$

$$(5.45)$$

この**体積力**によって流れがなす仕事として入ってしまう。そして，この項は最終的に内部エネルギーとして流体に蓄えられるので，省く場合は内部エネルギーを差し引くことにより修正が可能である。例えば，**重力**をこの形で導入すると，気体の温度（内部エネルギー）が上昇するという結果となる。式（5.44）の右辺第4項は外力，また式（5.45）の左辺第3項は**エンタルピー**を示している。

ほかの方法として，単位質量当りの外力による加速度（速度の時間変化）を時間ステップ当り積分し，単位質量当りの**力積**として，局所平衡分布関数に加える方法がある。つまり，衝撃力による速度変化を考える。局所平衡分布関数 $f_i^{(0)}$ における流速を

$$u \to u+F\tau \tag{5.46}$$

と書き換える。運動方程式の右辺に単位体積当りの外力項 ρF が導出される。

このように，局所平衡分布関数を操作して，流体に付加的な性質を加える手法は一般性があり，外力 F をマクロな量と関連づけることにより，さまざまな流体に対する運動方程式を導くことができる。

以下でそれらについて述べる。

5.6.2 密 度 成 層 流

重力の働く場で，密度あるいは温度が変化する流れは**密度成層流**と呼ばれ，地球流体力学で非常に重要な概念である。

格子Boltzmann法で**成層流体**をモデル化するには，2種類の流体，つまり粒子群を定義すること，すなわち重力がかかる重たい粒子と，重力をかけない軽い粒子を区別することにより可能となる。この際，2種類の粒子は，二つの色

5.6 局所平衡分布関数に付加項を加えることにより得られる方程式　85

で区別し**2色モデル**と呼ぶことが多い。

　塩分濃度が連続的に変わるような連続的な成層は，ある点での重い粒子と軽い粒子の混合割合を変えていくことで再現できる。

　熱が関係する**自然対流**現象も，成層流体での不安定の問題として扱うことも可能であり，二つの粒子のうちの一つに温度の特性を持たせることもできる。温度差は二つの粒子の混合割合で定義する。**Benard 対流**をはじめ，ある幅を持った熱源による対流など，さまざまな熱を含む現象が2粒子モデルにより計算されている。このように，2種類の流体を定義し，そのどちらかになんらかの特性，例えば温度，密度の特性を持たせるモデルは**パッシブ・スカラーモデル**と呼ばれる。

　一方，2種類の粒子を分離させることにより，2種類の異なる流体が共存する場合を模擬できる。典型が気液2相流であり，これは現在の流体力学においても重要な分野であって，これについて少し詳しく述べる。

　ここで注意すべきは，前に述べた熱流体モデルを使う場合，流れの境界に温度こう配あるいは温度差がある場合，格子 Boltzmann のモデルでは，Navier-Stokes 方程式をベースにした計算では生じない現象が生じることである。すなわち，境界面近傍において，**熱ほふく流**と呼ばれる低温側から高温側に流れが駆動されるのである。この現象は希薄な気体において起こるのであるが，同様の現象が格子 Boltzmann 法のモデルにおいても生じることは注目すべきである。

　一般に，固体境界では粒子はまわりとは関係なく，境界条件に適合した分布関数で定義される。粒子は衝突によって平衡状態に近づくので，当然境界近傍では境界から出てきた粒子は衝突の階数が少ないので，その平衡状態から大きく外れた分布をしている。

　この領域は **Knudsen 層**と呼ばれ，ここでは Navier-Stokes 方程式から出てくる流れと異なる流れが生じることになり，その一つが前述の「熱ほふく流」である。流れが高温に向かう理由は，文献（4-35），（4-36）を参照されたい。

　4章でも述べたが，これ以外にも境界近傍は Navier-Stokes 方程式の流れか

86   5. 格子 Boltzmann 法におけるモデル

ら見ると滑っているように見える「滑り流」も観測される。このずれについて
は，非平衡成分の外挿，あるいは境界近傍の格子を密にとることにより，実質
的な影響を抑えることは可能である。

5.7 混相流モデル

　まず，**気液2相流**においては**気液界面**が現れ，この自由な振る舞いをする界
面を形成することはきわめて重要な問題である。Navier-Stokes 方程式を用い
た数値計算において使われる**界面追跡手法**は，気液両層の質量保存を考慮して
界面の再構成が必要となる。一方，格子 Boltzmann 法では基本的に気液に対
応する粒子の保存は満足されるため，界面で両粒子をいかに効率よく分離する
かという議論になる。またこの際に，連続的な場の変数としての分布関数だけ
でなく，粒子そのものに直接アクセスすることが可能であり，これは格子
Boltzmann 法の優れた特徴といえる。

5.7.1 界面分離モデル

　2相の**界面分離**モデルとして Latva-Kokko らの提案した**相分離スキーム**
（phase separation または re-color）を説明する。

　Latva-Kokko らは，格子 Boltzmann モデルにおいて発展方程式の衝突計算
のあとに速度分布関数の再分布を行う手法を示したが，離散化 BGK 方程式で
は右辺第2項を付加した形にする。

$$\frac{\partial f_i^k}{\partial t} + c_{i\alpha}\frac{\partial f_i^k}{\partial x_\alpha} = -\frac{1}{\tau}(f_i^k - f_i^{eqk}) + (f_i^k - f_i'^k) \tag{5.47}$$

　ここで，上付き添え字の k は気液を分ける指標で，$k=G$ が気体，$k=L$ が
液体を示すとする。右辺第2項は速度分布関数の拡散を抑える項であり，$f_i'^k$
は界面こう配の計算から導出される再分布された分布関数である。$f_i'^k$ は次式
で表される。

$$f_i'^G = \frac{\rho_G}{\rho_G+\rho_L}(f_i^G+f_i^L) + \kappa \frac{\rho_G\rho_L}{(\rho_G+\rho_L)^2}(f_i^{eqG(0)}+f_i^{eqL(0)})\cos\varphi|_i \quad (5.48\text{a})$$

$$f_i'^L = \frac{\rho_L}{\rho_G+\rho_L}(f_i^G+f_i^L) - \kappa \frac{\rho_G\rho_L}{(\rho_G+\rho_L)^2}(f_i^{eqG(0)}+f_i^{eqL(0)})\cos\varphi|_i \quad (5.48\text{b})$$

ここで，κは拡散界面の厚さを制御する**界面分離係数**であり，$f_i^{eqk(0)}$は自然拡散のみを考慮して速度0の局所平衡分布関数である．各i方向における$f_i'^G$，$f_i'^L$の和は変化しないため，同じ質量の粒子の場合，密度，運動量およびエネルギーが保存されることは明白である．また，φは式（5.49）で表される粒子密度のこう配の方向と粒子速度ベクトル方向の角度であり，以下の式から導出される．

$$\cos\varphi|_i = \frac{\boldsymbol{G}\cdot\boldsymbol{c}_i}{|\boldsymbol{G}|\cdot|\boldsymbol{c}_i|} \quad (5.49)$$

$$\boldsymbol{G}(\boldsymbol{x}) = \sum_i \boldsymbol{c}_i[\rho^G(\boldsymbol{x}+\boldsymbol{c}_i) - \rho^L(\boldsymbol{x}+\boldsymbol{c}_i)] \quad (5.50)$$

以上の計算手法は，**図5.6**に示すように，界面において直接気体の粒子なら気相に，液体粒子なら液相にと粒子を直接に振り分けていることに注目すべきであり，きわめて効率的に2層が分離される．

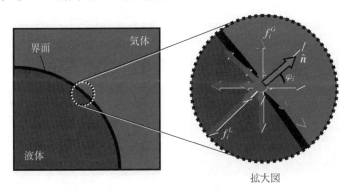

図5.6 気液界面での気液分離

界面分離係数κは1以上にすると，界面解像度は上がるが粒子の数が負になることがあり，計算が不安定になる．界面を薄く計算するためには，当然界面を解像するための格子が細かいことが必要である．

5.7.2 表面張力モデル

水滴が球体になろうとするのも,液体が細い管を上っていくのもすべて気液界面に働く**表面張力**が原因である。表面張力は界面の面積を最小に保つ力であると考えられるが,気液界面での気液それぞれの**分子間力**の違いにより生じるものである。

格子 Boltzmann 法においては,個々の流体の分子間力を計算することは無理なので,界面における両者のアンバランスをモデル化することになる。ここでは,Gunstensen の提案した 2 粒子モデルを非混和モデルについて改善した Latva-Kokko らの界面分離モデルをもとに定式化する。

Gunstensen および Latva-Kokko らの計算手法は界面曲率を考慮しておらず,界面で圧力の不連続が起こり,結果として表面張力によって人工的な流れが生じる。これを改善するためのモデルとして,**level-set 法**などほかの計算手法でも用いられている continuum surface force (CSF) を用いた。この手法は,表面張力が界面曲率に依存するよう以下のように与えられる。**図 5.7** を参照されたい。

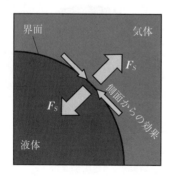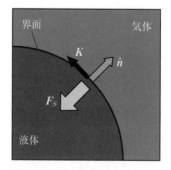

図 5.7 CSF の説明

表面張力 F_S を次式で表す。

$$F_S = \sigma K \hat{n} \tag{5.51}$$

ここで,σ は表面張力係数,K は二相界面の曲率,$\hat{n}$ は界面の法線方向単位ベクトルを表し,$\hat{n}(x) = n(x)/|n(x)|$ である。この界面の法線方向ベクトル

$n(x)$ は，界面に連続的に存在する粒子密度を用いた次式で定義する．

$$n(x) = \frac{\partial [\rho^G(x) - \rho^L(x)]}{\partial x} \tag{5.52}$$

界面曲率 K は，この界面法線方向ベクトル $n(x)$ を用いて以下のように表される．

$$K = -(\nabla \cdot \hat{n}) = \frac{1}{|n|}\left[\left(\frac{n}{|n|} \cdot \nabla\right)|n| - (\nabla \cdot n)\right] \tag{5.53}$$

以上の表面張力と前述した界面分離モデルを用いて，式 (5.54) の Laplace則 (Laplace's law) について検証を行った．

$$\frac{\Delta p}{\sigma p_0} = \frac{p_{in} - p_{out}}{\sigma p_0} = \frac{1}{R} \tag{5.54}$$

結果を，図 5.8 に示す．このモデルが，表面張力について妥当なモデルであることがわかる．

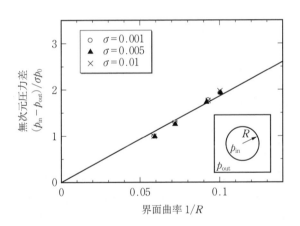

図 5.8 Laplace 則の結果の確認

また，CSF を用いることにより，液滴のまわりの流速や圧力のノイズが大幅に減少する結果を図 5.9 に示す．図 5.9 (a) が CSF を用いない場合の結果で，図 (b) が用いた場合の結果で，大きな差が見られる．

5. 格子Boltzmann法におけるモデル

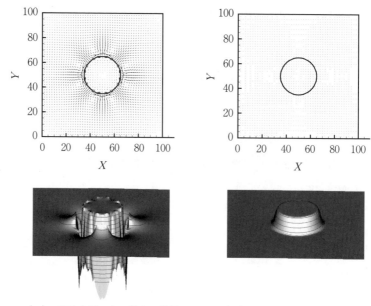

（a）CFSを用いない場合の結果　　（b）CFSを用いた場合の結果

図5.9　2次元液滴まわりの速度分布および圧力分布

5.7.3 高密度比2流体

気液の密度比の大きいモデルとして，Heらのモデルや，稲室らによるPoisson方程式を解くモデルが提案されている．本項では，以下のような考えで，実質的な流体の密度を変える方法を紹介する．流体の運動方程式の左辺の加速度項にかかる密度を左辺に移すと，左辺は単位体積の流体に外から働く力であると考えられる．

そして，密度はその分母に入っているので，密度が大きいということは運動としてはこのトータルの力が小さいということと同じである．したがって，この力を調節することにより，実質的な質量つまり密度を変えることが可能となる．

いまの場合，作用する力を圧力項および粘性項で示される外力を

$$F_{\text{in}} = -\boldsymbol{a} + \boldsymbol{a}'$$

$$= -\left(-\frac{1}{\rho}\frac{\partial p}{\partial \boldsymbol{x}} + \frac{\mu}{\rho}\nabla^2\boldsymbol{u}\right) + \left(-\frac{1}{m\rho}\frac{\partial p'}{\partial \boldsymbol{x}} + \frac{\mu'}{m\rho}\nabla^2\boldsymbol{u}\right) \tag{5.55}$$

と書く。ここで，右辺最初の（　）内は離散化 Boltzmann 方程式から導かれる Navier-Stokes 方程式の圧力項と粘性項である。2番目の（　）内は密度を m 倍したことによる実効的な力を表している。この力を導入することにより，本来の力の項をいったん消去し，力の項を再定義していることになる。

ここで，p' は本来の圧力と考えてもよいが，後述する流体の圧縮性を変えた場合の実効圧力であると考える。詳細については5.7.4項に述べる。また，μ' は新たに定義する動粘性率である。

しかし実際には，計算初期に気液2相を完全に2種類の粒子で分離することは難しい。というのは，両者の平衡関係が成り立たないと，衝撃的な流れが生じるからである。

そこで実際の計算には，2種類の粒子の適当な混合割合で気液の2相を定義する。この方法でも，これまで述べた2相の分離手法を使うと，平衡時にはほとんど完全に2相の分離が行われる。もちろん，界面は数格子にわたって連続的に変化する。

そこで，m は重みをつけた粒子の平均質量，μ' は同じく重みをつけた平均粘性率であり

$$m = \frac{\sum\limits_{k=G,L} m^k \rho^k}{\sum\limits_{k=G,L} \rho^k} \tag{5.56}$$

$$\mu' = \frac{\sum\limits_{k=G,L} \mu^k \rho^k}{\sum\limits_{k=G,L} \rho^k} \tag{5.57}$$

と定義する。上式の ρ^k は気体と液体との**質量密度**ではなく**数密度**であると考える。この時点で両者の質量密度の違いは考えないのである。

気液の密度比は m_L/m_G で表されることになる。気相を空気，液相を水と考えたとき，水は空気に対して密度は約800倍，粘度は約70倍である。

92　　5.　格子 Boltzmann 法におけるモデル

5.7.4　液体の圧縮性の考慮

　液体は，一般の流体力学では非圧縮性流体として扱われる。気体に比べると密度の変化に対して圧力の変化が非常に大きい。また，圧縮に対する温度変化は小さいので，ふつうは非熱流体として扱えば十分である。

　しかし，液体の圧縮性が重要な問題，例えば**水中音**の計算などでは液体の圧縮性をモデルに導入することになる。格子 Boltzmann 法のモデルは圧縮性流体のモデルであるが，モデルの持つ音速は一定値である。このモデルで気液の2相を計算しても両者の音速は同じになり，物理的に無意味なものとなる。

　そこで圧力と密度の関係，すなわち構成方程式を新たにつぎの形で定義する。

$$p' = p_0 + \beta \frac{\rho - \rho_0}{\rho_0} \tag{5.58}$$

　ここで，β は**体積弾性率**であり，添え字の 0 は基準値を表している。2相流体の場合，これまでと同様にそれぞれの数密度を重みとして

$$\beta = \frac{\sum_{k=G,L} \beta^k \rho^k}{\sum_{k=G,L} \rho^k} \tag{5.59}$$

という定義が可能である。

　また，気相に熱流体モデルを用いる場合，液体に非熱流体モデルを用いて両者を混在させて安定に計算を進めることは，相当に困難である。この場合，両者に熱流体モデルを用いて，液相部分に式（5.58）の状態方程式を適用すればよい。

　このモデルにおいて，音速は

$$c_s = \sqrt{\frac{\Delta p'}{\Delta \rho}} = \sqrt{\frac{\beta}{m}} \tag{5.60}$$

と表される。音速に流体の体積弾性率のみならず密度を修正するパラメータ m が入ってくるのは，方程式の中で大きな密度の流体に対して，実際には密度を変えずに圧力を変えているからである。

　このモデルにより，空中音および水中音が共存する場合の計算も可能にな

る。また，体積弾性率を調整することにより音速を小さくし，格子 Boltzmann 法では困難とされている超音速流れの計算も容易にできる。ただしこの場合，理想気体に対する重要な関係式である，衝撃波前後で成立する **Rankin-Hugonio の関係式** が成り立たなくなる。この関係式は理想気体に対するものであるが，空気などの実在気体に対してもよく成り立つので，この関係が成り立たないモデルは使用の際には注意が必要である。

　この原因は，これまで述べてきた外力の項を導入する手法は，なんらかの形で分子間力を導入していることとなり，理想気体や多くの気体では分子どおしの相互作用は，衝突時にのみ限られているという事実に反するからである。

5.7.5　非 Newton 流体モデル

　これまで示した外力項の導入により Navier-Stokes 方程式の粘性項を修正することによって，**非 Newton 流体**のモデルを作成することも容易である。

　ここで簡単に説明すると，Navier-Stokes 方程式で表される粘性流体は Newton 流体と呼ばれる。これは，粘性によるせん断応力が，動粘性率 μ を定数として

$$\tau_{ij} = \mu \frac{\partial u_i}{\partial x_j} \tag{5.61}$$

のように，速度のこう配に比例する流体をいう。代表的な流体である，水や空気は Newton 流体である。

　しかし，高分子溶液や固体粒子の懸濁液などは，せん断応力と速度こう配の間にこういった簡単な比例関係はない。このような流体を非 Newton 流体と呼び，これらの流体を扱う分野を**レオロジー**と呼ぶことが多い。非 Newton 流体は種類も多く，またその振る舞いも千差万別である。

　ここでは，**power-law（べき乗則粘性）** モデルを考える。粘性率 η' をつぎのように定義する。

$$\eta' = \eta_0' |\dot{\gamma}|^{n-1} \tag{5.62}$$

ここで，η_0' と n が power-law 流体を表す二つの定数である。上式において

94   5. 格子 Boltzmann 法におけるモデル

$n=1$ のときは Newton 流体に対応し，η_0' は Newton 流体の粘性係数に相当する。また，$n>1$ では泥質流体のような shear-thickening 流体を表す。一方，$n<1$ では，せん断速度の増加につれて粘性係数が減少し，プラスチックなどの shear-thinning 流体を表す。また，**せん断速度** $\dot{\gamma}$ は対称変形速度テンソル $D_{\alpha\beta}$ とつぎのような関係がある。

$$\dot{\gamma}=\sqrt{D_{\alpha\beta}D_{\alpha\beta}} \tag{5.63}$$

$$D_{\alpha\beta}=\frac{1}{2}\left(\frac{\partial u_\beta}{\partial x_\alpha}+\frac{\partial u_\alpha}{\partial x_\beta}\right) \tag{5.64}$$

ここで，添え字 α，β はデカルト座標を表し，総和規約に従う。加速度修正する power-law モデルの外力は次式を与える。

$$F_\alpha^{\text{power-law}}=-\frac{\partial}{\partial x_\beta}\left(\eta_1'\,\frac{\partial u_\alpha}{\partial x_\beta}\right)+\frac{\partial}{\partial x_\beta}\left(\eta'\,\frac{\partial u_\alpha}{\partial x_\beta}\right) \tag{5.65}$$

ここで，η_1' は格子 Boltzmann モデルから出てくる Newton 流体としての粘性である。

このモデルで平行平板内の流れや，非 Newton 流体の **Weisenberg 効果**などのシミュレーションを行い，良好な結果が得られている。

5.8　蒸発・凝縮現象のシミュレーション

ここで日常的に見られるが，流体力学ではほとんど扱われない**蒸発・凝縮現象**について簡単に述べる。ここでは気体の動きだけに注目するので，気液の相変化である蒸発・凝縮だけでなく，固気の相変化である昇華をも同じように扱う。気体から液体あるいは固体への相変化はもちろん気液，あるいは固気界面で起こる。いま簡単のため，気液界面のみを考える。そして，液相については いまは考えないこととし，蒸発・凝縮による気相の流れをおもに考えることとする。実際，蒸発・凝縮により液相内での流れの変化は小さい。つまり，液面の存在は，気相に対しては境界条件として振る舞う。

またこのあと述べるように，蒸発および凝縮現象は分子気体力学あるいは格

子 Boltzmann 法においては同じ現象であるので，ここでは蒸発現象も凝縮現象に含めて考える。

蒸発・凝縮の最も簡単なモデルは，界面の液相における凝縮気体（水の場合は水蒸気）の粒子の分布関数を，そこでの温度における**蒸気圧**に対応した局所平衡分布関数として定義する。ふつうは流体速度は 0 とするが，この条件は変えることは可能である。

液相に向かう**凝縮気体**の粒子は，液面でそのまま液に変化するとして液面にとどまり反射しないとする（完全凝縮）。こうすると，液面に向かう粒子の数と，液面から気相に向かう粒子の数との差によって見かけ上の現象が変わる。

つまり，液面に向かう凝縮気体の粒子数が，液面から気相に出ていく粒子数を上まわる場合，蒸発現象が起こっているとする。これが逆の場合，その界面では凝縮が起こっているとなる。この二つの現象は，液面に入る粒子数と出ていく粒子数によって見かけ上変わるだけで，メカニズムはまったく同じである。

そして，この両者がつり合うとき，気相では**飽和蒸気圧**に達しているということになる。もうわかると思うが，このときには蒸発が止まるのではなく，蒸発と凝縮がつり合っていることになる。

これに**非凝縮気体**（水の凝縮を考える場合，例えば空気）が混じると，これは 2 相流で行ったと同じやり方で別種類の粒子を導入し，この粒子に対しては界面での粒子のやりとりは考えずに，固体境界と同じ扱いをすればよい。

結局，見かけ上，別現象に見える蒸発・凝縮現象においても，つねに液面に入る粒子と液面から出ていく粒子が共存するということである。

このように考えると，乾燥促進のメカニズムについても理解が深まるであろう。例えば，乾燥物のまわりを真空にして乾燥を早める**真空乾燥**という技術がある。食品などに対し，いったん冷凍真空中で乾燥させる**冷凍真空乾燥**は，いまやおなじみの技術である。

真空によって蒸発，あるいは**昇華**が促進されるのは蒸発（昇華），すなわち液面（固体面）から水蒸気が出ていくのが増加するためではない。出ていく水

96　　5.　格子 Boltzmann 法におけるモデル

蒸気の量は，液面での蒸気圧によるので，そこでの温度だけによる。つまり，出ていく水の分子の量は変わらず，入ってくる分子が減るのである。空気と水蒸気の割合が同じであっても，例えば 1 000 分の 1 気圧（1 hPa）の真空中では，単純に水蒸気量も大気圧の 1 000 分の 1 となり，液面に入ってくる水蒸気分子も 1 000 分の 1 になる。このことから，液面から出る（蒸発する）水分子が，入ってくる（凝縮する）分子の数を大きく上まわり，乾燥が促進されるのである。

　特に冷凍すると蒸気圧が下がって，出ていく水分子の数は減るが，真空に引くことにより，入ってくる分子の数の減り方が大きくなるのである。

　風の吹く日に洗濯物の乾きが早くなることは，よく経験することである。この現象も，風が吹くことで界面から出ていく水蒸気量が増えるのではなく，これは変わらない。蒸発が進むと，界面近くの水蒸気の分圧が高くなる。一種の境界層で，界面近くの限られた層において水蒸気の**分圧**が高くなるのである。そうすると，この湿った層から界面に入る水分子が増えることになる。そこに風を送ると，界面近くの湿った層が吹き飛ばされて乾燥した（水蒸気分圧の小さい）空気と入れ替わることになって，界面に入る水の分子数が減るのである。

　もちろん，界面から出ていく水分子量を変えることもできる。これは単純に界面の蒸気圧を変えることで達成されるから，蒸発を促進するには熱を加えることが効果的である。界面に入る水分子の数を減らすのではなく，出ていく水分子の数を増やしている。

　これが，格子 Boltzmann 法で蒸発・凝縮問題が解けるというメリットのすべてというわけではなく，もっと重要な要素がある。前にも述べたが，界面近くの Knudsen 層の存在である。

　気温 25℃の空気の**平均自由行程**[†2]と圧力の間には

---

　†2　平均自由行程とは，気体分子が衝突のあと，つぎにほかの分子と衝突する間に進む距離の平均である。この長さは，一般に分子間距離に比較して，ずっと大きな長さであることを認識すべきである。

$$\lambda = \frac{6.6}{\text{Pa}} \text{ [mm]} \tag{5.66}$$

なる関係がある。ここで，分母には圧力をPaで表した場合の数値であり，いま真空乾燥に使われる真空度をだいたい1000分の1気圧とすると100Paであるから，平均自由行程は約0.07mm程度と考えられる。

真空層の中での流れは，この薄いKnudsen層の外部ではNavier-Stokes方程式が成り立つのである。しかし，ここで大きな問題があり，大きな流れ自体はNavier-Stokes方程式に従うが，この方程式を解くための境界条件が定まらないのである。

液面での温度は液温であり，圧力はそれから出てくる蒸気圧であるが，これがNavier-Stokes方程式の境界条件とはならないのである。Navier-Stokes方程式の境界条件は，当然のことであるがNavier-Stokes方程式の成り立つ領域での条件を用いなければならず，界面での値はNavier-Stokes方程式の成り立つ領域外なのである。

それでは，Navier-Stokes方程式の境界条件としての，温度，圧力，速度はどのように決めるかについては，Navier-Stokes方程式の範囲では決めようがなく，厳密には分子気体力学の助けがいる。すなわち，Boltzmann方程式を解くことによってのみ得ることができる。そして，この実際の界面での条件と，Navier-Stokes方程式で用いるべき境界条件とは異なるのである。

しかしながら，格子Boltzmann方程式を用いることで，かなりよい近似で蒸発現象とそれに伴う流れを一気に解くことが可能である。

これは，格子Boltzmann法のモデルが，分子気体力学モデルをベースに置いており，Knudsen層を粗い近似であるが再現し，Navier-Stokes方程式が成り立つ領域（Knudsen層外部）では，自動的にNavier-Stokes方程式を満たすようになるからである。ただし，このKnudsen層領域では厳密には流れの等方性は成り立たず，流れの方向で内部のNavier-Stokes方程式領域での流れも微妙に違ってくることに注意が必要である。

98   5. 格子 Boltzmann 法におけるモデル

5 章 の 要 点

モデルの粒子は，格子点から隣接の格子点に移動し，そこで衝突子方向を変えるが，その際に質量，運動量，運動エネルギーのうち運動エネルギーを考慮しないモデルが多い。

格子 Boltzmann 法のモデルは，粒子の種類と局所平衡分布関数により決定され，局所平衡分布関数は流体のマクロな変数で定義される。そして，一般に粒子流速と流れの流速の多項式で表される。

複雑流体のモデルとして2粒子を用いるモデルがあり，流体内の連続的な特性変化を表すパッシブ・スカラーモデル，気液2相流体のモデルとして2粒子分離モデルがある。

また，離散格子 BGK モデルに外力を導入することにより，さまざまな特性を持つ流体を再現できる。

外力は，分布関数の発展方程式の外力項として導入できるだけでなく，直接粒子に働かせることが可能である。

6. 付属のプログラムについて

　本書に添付した DVD に，差分格子 Boltzmann 法での計算例を 10 例載せている。プログラムの内容もすべて公開している。プログラムは FORTAN で書かれているが，実行ファイルが入っているので，それで計算の実行は可能である。計算のパラメータは，別ファイルにテキストファイルで入っており，計算が始まると同時にこのファイルを読み込んでいく。このファイルを書き換えることで，簡単にパラメータを変えることができる。

　FORTRAN のコンパイラをお持ちの場合は，プログラム自体を書き換えてコンパイルし実行することもできるので，自由にお使いください。

　今回添付するのは，以下の 10 のプログラムである。

　　1. 円柱まわりの 2 次元流れ
　　2. トンネルドン
　　3. ジャイロミル風車
　　4. 液滴落下
　　5. 液柱崩壊
　　6. 遷音速流
　　7. 3 次元 BVI
　　8. 蒸発凝縮 1 気体
　　9. 蒸発凝縮 2 気体
　　10. 音場のベンチマーク

　プログラムの詳細とそのバックグラウンドは，それぞれのプログラムのフォルダーに入れてある解説で説明するが，ここでは簡単に概略だけ説明をする。

1. 円柱まわりの 2 次元流れ

円柱に一様な流れが当たる 2 次元流れは，最も基本的な流れの一つである。

100 6. 付属のプログラムについて

格子 Boltzmann 法の 2 次元熱流体モデルを用いた計算で，円柱格子を用いている。格子生成のプログラムも入っており，格子の数，特に円柱表面近くの格子数を増やすことで，計算の精度を上げることができる。

計算結果は，Karman 渦列のような流れのパターンだけでなく，風切り音の典型であるエオルス音という音のパターンまで出てくる。

粒子の基本速度（斜め飛びの粒子ではなく x, y 方向の粒子の最小値）を $|c|=1$ としており，一様流の流速はだいたい 0.2 くらいに設定しておく。流れの Reynolds 数を変えるのは，流速を変えるのではなく動粘性係数を調整する。また，流れの Mach 数も音速を変化させる。具体的には内部エネルギー（温度に対応している）を変える。ただし，あまり高い Mach 数の計算はできない。

2. トンネルドン

山陽新幹線が走行するようになり，問題となってきたのがトンネルドンと呼ばれる，トンネル内で発生する微気圧波の問題である。新幹線車両がトンネルに侵入するとき，出口で非常に大きな音が発生する。

流れを軸対象と仮定し，移動格子を用いてトンネルに侵入する車両と，静止するトンネルの相対位置が時間的に変化する流れ場を計算している。車体がトンネルに入った直後，強い圧力波が生じ，この圧力波がほぼ 1 次元的に発達していく様子が計算結果からわかる。

3. ジャイロミル風車

自然エネルギー利用ということで風力発電が注目されているが，日本は風力利用に関してはかなり遅れているというのが現状である。

風車には大きく分けて，プロペラ風車などの回転軸が水平に置かれたものと，Darrieus（ダリウス）風車，ここで取り扱うジャイロミル風車，そしてSavonius（サボニウス）風車など，回転軸が垂直に置かれたものとに分けられる。水平軸型風車は，風の方向の変化に応じて風の方向に軸を向け変えなければならない。一方，垂直軸形風車は風の方向が刻々変わる場合にも，そのまま

6. 付属のプログラムについて　　*101*

対応できる。

　計算は2次元で，3枚の翼のついた回転翼が一様な流れの中で回転している。回転翼は回転する格子で，外部の格子は静止している。そこに固定翼3枚を設定することもでき，回転翼と固定翼との複雑な相互干渉が計算される。

　流れ場だけでなく，同時に風車から出る騒音も計算されるので，騒音のパターンも見ていただきたい。

4. 液　滴　落　下

　液滴が水面に落下ししぶきが上がるのは，雨粒が池に落ちて描くパターンなど日常よく見かける現象である。水は透明であるが，水面は見えるので，水面の形はわかる。水面からしぶきが上がるのは，水滴が水面に落下したとき，周辺の圧力が急上昇し，まわりの水を押しのけるのであるが，水面の上部は空気で軽いので，まわりの水が水面を押し上げて上部へと逃げるのである。

　ここでは，2次元の計算例を示しており，浅い液体の層に円形の液滴が衝突し，スプラッシュ（しぶき）が上がる様子を計算している。スプラッシュが表面張力により，より小さな液滴へと分裂する様子も見ることができる。

5. 液　柱　崩　壊

　水の柱が，ある瞬間から重力で変形していく様子は，気液2相のモデルの検証用ベンチマークともなっている。もちろんこのモデルは，ダム崩壊などの簡単なモデルであると考えることもできる。

　水柱が崩壊し，水平方向に水流が走り，前方の垂直な壁面に衝突し，水が壁面に沿ってはい上がるという，非常にダイナミックな現象が計算で再現されている。プログラム4と同様，気液の密度差800，および重力の効果などうまく再現されている。

6. 遷　音　速　流

　静止流体中で物体が進む場合，一定速度なら物体を止めてまわりを一様な流

102   6. 付属のプログラムについて

れが通過すると考えるが（プログラム1の円柱まわりの流れも同じ），この流れの速度と音速の比を Mach 数と呼ぶ。簡単には，一様流の Mach 数が1を超えると「超音速」流れ，また1以下だと「亜音速」流れといわれる。しかし，流れの中に物体があると一様流の Mach 数が1に近いときに，物体まわりに超音速領域と亜音速領域が存在する，このときは，局所流速と局所音速から局所 Mach 数を考え，この数値が1を超えるか，超えないかで考える。

計算は2次元で，移動格子を用いて円柱まわりの流れを計算し，局所的に超音速領域が現れる流れを解いている。超音速領域の後部には衝撃波が形成され，この衝撃波と Karman 渦との干渉で，音が出ている様子も観測できる。

7. 3 次 元 BVI

ヘリコプターが下降する際に「バンバン」という破裂音を発生するが，これはヘリコプターローター（回転翼）の翼端から出た渦が，後続のローターに衝突する，あるいはごく近傍を通過することで，翼面近くに大きな圧力変動を与え，この圧力変動が音源となって出る音である。渦と固体表面との干渉で生じる音を広く BVI 騒音というが，一般に BVI 騒音というとヘリコプターローターからの騒音を指すことが多い。

計算は，2枚翼のローターが回転し，それに伴って翼と渦との相互干渉を起こし，音が発生するメカニズムが明瞭にわかる。

8. 蒸発凝縮 1 気体

x 方向1次元の蒸発・凝縮のシミュレーションである。2次元モデルを使うため y 方向にも格子をとっているが，この方向に流れは変化しない。

向かって右側（$x=201$）の境界が蒸発相で，左側（$x=0$）の境界が凝縮相である。両境界では流れの流速は0で，温度が右が左に比べ高く設定されており，気体の局所平衡分布関数はその温度に応じた飽和蒸気圧に設定される。この設定だけで，右の境界から蒸発した蒸気（気体）が左に向かい，ここで凝縮する流れが自動的に形成される。実質的には気液の相変化を扱うのではなく，

気相のみを計算しており，相変化は境界条件としてしてのみ考慮している。

重要なのは，蒸発・凝縮相近傍では，流れの変数が急激に変化する領域（Knudsen 層）が生じていることが確認できる。流れの Knudsen 数が異なると，この Knudsen 層の振る舞いが大きく変わることがわかる。Knudsen 層を含む流れは，Navier-Stokes 方程式を解くことでは得られない。境界条件が設定できないからである。

この計算では，凝縮気体（蒸発・凝縮する気体）のみが存在する場合を扱っており，プログラム 9 で非凝縮気体を含む場合を扱っている。

9. 蒸発凝縮 2 気体

プログラム 8 では凝縮気体（例えば，水蒸気）のみを扱ったが，この例では非凝縮気体（例えば，空気）が共存する場合を計算する。非凝縮気体は，プログラム 8 で説明した左右の境界で相変化は起こさずに，そのまま反射するという条件になっている。したがって，非凝縮気体の粒子数は変化しない。

非凝縮気体は凝縮気体の動きにより，凝縮相側（左境界）に流されるが，そこに押し寄せられて圧力が上昇し，結果的に凝縮気体の動きを妨げる。これら凝縮気体と非凝縮気体の相互作用による複雑な流れが解明できる。

10. 音場のベンチマーク

ここで示す計算は，流れは基本的に静止しており，円柱から離れた点にある音源から発せられる単一周波数の音波が，円柱で反射・屈折をし，もとの音波と複雑な干渉を起こす。この設定は音波の計算のベンチマークとなっており，解析解が存在する。この解析解との比較により，計算の精度が判断される。

この例では，粒子数を減らした 2 次元圧縮性流体モデルを用いて，障害物の円柱表面の境界条件は滑りの条件を用いている。ベンチマークの理論解が，当然ながら非粘性，Euler 方程式の解であるからである。

音場の時間的発展についても，確認されたい。

104 　　6. 付属のプログラムについて

　ここで紹介していないプログラムも，順次コロナ社のホームページ http://www.coronasha.co.jp/np/isbn/9784339046588/ で紹介していく。詳細はそこで述べる。

　最後に，差分格子 Boltzmann 法をベースにした，汎用流体計算ソフトを紹介する。このソフトは著者が神戸大学に在職中，大学発ベンチャーとして株式会社アメリオと共同で開発したものである。

　これは「ACE-flow」といわれるソフトで，2 次元，3 次元，乱流モデル，そして多数の物体にも対応している。格子は構造格子で複数のブロックで構成されるものと，外部の境界条件として一様流，個体壁，周期境界が選択できるので，流れの両境界をつないで周期条件を適用すれば「O 型」格子を作成することができる。

　ただし，気液 2 相モデル，重力のモデル，移動格子などは組み込まれてはいない。静止物体（複数可）に流れが当たる場合の，流れ解析と同時に音場の解析が可能である。

　「ACE-flow」の購入を希望される方は株式会社アメリオのホームページ http://www.amelio.co.jp/ にお問い合わせください。

付　　　録

1.　等方性テンソル

A.　直角座標でのテンソル

　一般相対性理論においては，一般の曲線座標でのテンソルが基本的な役割を果たす。また，最近の数値流体力学においても，境界形状に適合した曲線座標を使用することが多く，ここでも曲線座標でのテンソルが重要となってきている。

　格子気体法あるいは格子 Boltzmann 法においては，現在のところ直角座標での定式化のみであるので，ここでは直角座標でのテンソルのみを考える。

　いま，右手系の直角座標 $x_i (i=1, 2, 3)$ と，これを回転して得られる座標系 $x_i{}' (i=1, 2, 3)$ を考える。x_i 軸および $x_i{}'$ 軸方向の単位ベクトルをそれぞれ $e_i, e_i{}' (i=1, 2, 3)$ とおくと

$$e_i = \alpha_{im} e_m{}' \tag{A 1.1 a}$$

および

$$e_m{}' = \alpha_{im} e_i \tag{A 1.1 b}$$

と書くことができる。いつものように，繰り返しの添え字については 1 から 3 まで加えることを意味する。式(A 1.1 a)，(A 1.1 b) より容易に

$$\alpha_{im} = e_i \cdot e_m{}' \tag{A 1.2}$$

であることがわかる。ここで・はベクトルの内積を表している。いま

$$e_i \cdot e_j = (\alpha_{im} e_m{}')(\alpha_{jn} e_n{}') = \alpha_{im} \alpha_{jn} e_m{}' \cdot e_n{}' \tag{A 1.3 a}$$

また

$$e_m{}' \cdot e_n{}' = (\alpha_{im} e_i)(\alpha_{jn} e_j) = \alpha_{im} \alpha_{jn} e_i \cdot e_j \tag{A 1.3 b}$$

と書ける。当然

$$e_i \cdot e_j = \delta_{ij}, \qquad e_m{}' \cdot e_n{}' = \delta_{mn} \tag{A 1.4}$$

であるから，式(A 1.3 a)に代入することにより

$$\alpha_{im}\alpha_{jn}\delta_{mn} = \alpha_{in}\alpha_{jn} = \delta_{ij} \tag{A 1.5 a}$$

同様に，式(A 1.3 b)より

$$\alpha_{im}\alpha_{in} = \delta_{mn} \tag{A 1.5 b}$$

となる。

任意のベクトル $\boldsymbol{v}$ は $\boldsymbol{e}_i$ あるいは $\boldsymbol{e}_m{}'$ を用いて

$$\boldsymbol{v} = v_i\boldsymbol{e}_i = v_m{}'\boldsymbol{e}_m{}' \tag{A 1.6}$$

を表せる。ここで，$v_i\,(i=1,2,3)$ および $v_m{}'\,(m=1,2,3)$ はそれぞれ $x_i,\,x_i{}'$ 座標での $\boldsymbol{v}$ の成分である。式(A 1.1 a)，(A 1.1 b)を式(A 1.6)に代入すると

$$v_i = \alpha_{im}v_m{}'$$

および

$$v_m{}' = \alpha_{im}v_i \tag{A 1.7}$$

が得られる。式(A 1.7)はベクトルの成分の変換則である。

いま，2階のテンソル $\boldsymbol{T}$ を二つのベクトルの**ディアド積**(dyadic product)† で定義する。

$$\boldsymbol{T} = t_{ij}\boldsymbol{e}_i\boldsymbol{e}_j \qquad (i,j \text{ について和をとらない}) \tag{A 1.8 a}$$

ここで，$\boldsymbol{e}_i\boldsymbol{e}_j$ はベクトルを並べて書いたものと解釈すればよい。$\boldsymbol{T}$ が座標軸のとり方によらない物理量であれば，$x_i{}'$ 座標において

$$\boldsymbol{T} = t_{mn}{}'\boldsymbol{e}_m{}'\boldsymbol{e}_n{}' \tag{A 1.8 b}$$

と表せる。式(A 1.1 a)，(A 1.1 b)を代入すると

$$\boldsymbol{T} = t_{ij}\boldsymbol{e}_i\boldsymbol{e}_j = t_{mn}{}'\boldsymbol{e}_m{}'\boldsymbol{e}_n{}' = t_{ij}\alpha_{im}\alpha_{jn}\boldsymbol{e}_m{}'\boldsymbol{e}_n{}' = t_{mn}{}'\alpha_{im}\alpha_{jn}\boldsymbol{e}_i\boldsymbol{e}_j \tag{A 1.9}$$

となり，各辺の項を比較することにより

$\dagger$ 一般に複素数 x_i および $y_i\,(i=1,2,\cdots,m)$ を成分とする列ベクトル

$$\boldsymbol{x} = \begin{bmatrix} x_1 \\ x_2 \\ \vdots \\ x_m \end{bmatrix} \quad \text{および} \quad \boldsymbol{y} = \begin{bmatrix} y_1 \\ y_2 \\ \vdots \\ y_m \end{bmatrix}$$

を考える。$\boldsymbol{x}^T$ を $\boldsymbol{x}$ の転置行列，また，$\boldsymbol{x}^t$ を $\boldsymbol{x}$ の Hermite 共役行列とすると m 次元列ベクトルとして

$$\boldsymbol{x}^T = (x_1, x_2, \cdots, x_m)$$
$$\boldsymbol{x}^t = (x_1{}^*, x_2{}^*, \cdots, x_m{}^*)$$

と書ける。ここで $*$ は共役複素数を表す。$\boldsymbol{x}^T\boldsymbol{y} = \sum_{i=1}^{m} x_i y_i$ はスカラー(複素数)である。特に

$$\boldsymbol{x}^t\boldsymbol{y} = \sum_{i=1}^{m} x_i{}^* y_i$$

を $\boldsymbol{x}$ と $\boldsymbol{y}$ の内積という。

また，$\boldsymbol{y}$ を n 次元行ベクトルとすると積

$$\boldsymbol{y}\cdot\boldsymbol{x}^t$$

は $n\times m$ 行列であり，これを $\boldsymbol{x},\boldsymbol{y}$ のディアド積と呼ぶ。

$$t_{ij} = \alpha_{im}\alpha_{jn}t_{mn}' \quad \text{および} \quad t_{mn}' = \alpha_{im}\alpha_{jn}t_{ij} \tag{A 1.10}$$

が得られる。式（A 1.10）は 2 階テンソル $\boldsymbol{T}$ の成分の変換則である。

　1 階のテンソルはベクトルであり，0 階のテンソルはスカラーである。一般に，n 階のテンソルも

$$\boldsymbol{T} = A_i B_j \cdots H_p \boldsymbol{e}_i \boldsymbol{e}_j \cdots \boldsymbol{e}_p \tag{A 1.11}$$

とおき，$\boldsymbol{T}$ の成分 $t_{ij\cdots p}$ は $A_i B_j \cdots H_p$ と同じ変換則に従うので

$$t_{ij\cdots p} = \alpha_{ia}\alpha_{jb}\cdots\alpha_{ph}t_{ab\cdots h}' \quad \text{および} \quad t_{ab\cdots h}' = \alpha_{ia}\alpha_{jb}\cdots\alpha_{ph}t_{ij\cdots p} \tag{A 1.12}$$

となる。

B. 等方性テンソル

　テンソル $\boldsymbol{T}$ の座標成分が，座標軸の選び方によらず一定値を持つ場合，つまり直角座標軸の任意の回転に対して不変であるようなテンソルを**等方性テンソル**という。

[0 階の等方性テンソル]

　0 階のテンソルはスカラーであり，これは座標の回転に対して不変である。例えば，ベクトルの内積 $\boldsymbol{a} \cdot \boldsymbol{b}$ は式（A 1.7）から

$$a_i b_i = a_m' b_m' = \alpha_{im} a_i \alpha_{jm} b_j = \alpha_{im}\alpha_{jm} a_i b_j = \delta_{ij} a_i b_j = a_i b_i \tag{A 1.13}$$

となり変化しないことがわかる。つまり，スカラーは等方的である。

[1 階の等方性テンソル]

　1 階のテンソルはベクトルであり，式（A 1.6）と式（A 1.7）より，$\boldsymbol{e}_i$ として $\boldsymbol{e}_1$ を入れ x_2 軸あるいは x_3 軸周りに 180° 回転させる。すると，$\alpha_{1m} = -\delta_{1m}$ となるから

$$v_1 = \alpha_{1m} v_m' = -v_1'$$

が得られるが，等方性の条件より，$v_1 = v_1'$ でなければならない。これより，$v_1 = 0$ でなければならない。同様にして，$v_2 = v_3 = 0$ が得られ，1 階の等方性テンソル（ベクトル）は 0 ベクトルであることがわかる。

[2 階の等方性テンソル]

　2 階の等方性テンソルの成分は，任意の座標軸の回転に対して

$$t_{ij} = t_{ij}' \tag{A 1.14}$$

が成り立たなければならない。式（A 1.8 a）の $\boldsymbol{e}_i, \boldsymbol{e}_j$ それぞれに $\boldsymbol{e}_1$ を入れ，x_3 軸の周りに 90° 回転し $\boldsymbol{e}_1' \to \boldsymbol{e}_2$ とする。つまり，x_3 軸の正方向に向かって時計回りに 90° 座標軸を回転させると式（A 1.10）における α_{1m}, α_{1n} はそれぞれ $-\delta_{m2}, -\delta_{n2}$ となるので

$$t_{11} = \alpha_{1m}\alpha_{1n}t_{mn}' = t_{22}' \tag{A 1.15}$$

を得る。式(A 1.14)から $t_{22}=t_{22}'$ でなければならない。したがって

$$t_{11}=t_{22}$$

を得る。同様に

$$t_{11}=t_{22}=t_{33} \qquad\qquad\qquad\qquad\qquad (A 1.16)$$

が得られる。

つぎに，e_i, e_j に e_1, e_2 を入れ，x_1 軸周りに $180°$ 回転し，$e_1'\to e_1, e_2'\to -e_2$ とすると α_{1m}, α_{2n} はそれぞれ $\delta_{m1}, -\delta_{n2}$ となるので

$$t_{12}=\alpha_{1m}\alpha_{2n}t_{mn}'=-t_{12}'$$

が得られるが，等方性の条件 (A 1.14) から $t_{12}=0$ でなければならない。同様にして

$$t_{ij}(i\neq j)=0 \qquad\qquad\qquad\qquad\qquad (A 1.17)$$

が示せる。これらのことから等方性テンソル t_{ij} は

$$t_{ij}=c\delta_{ij} \qquad (c：定数) \qquad\qquad\qquad\qquad (A 1.18)$$

でなければならない。逆に，t_{ij} は任意の回転に対し，式 (A 1.10)，(A 1.5 b) より

$$t_{mn}'=c\alpha_{im}\alpha_{jn}\delta_{ij}=c\alpha_{im}\alpha_{in}=c\delta_{mn} \qquad\qquad (A 1.19)$$

となり等方性の条件 (A 1.14) を満たしている（i, j, m, n はダミーの添字である）。

[3階の等方性テンソル]

3階のテンソル T を

$$T=t_{ijk}e_ie_je_k=t_{mnp}'e_m'e_n'e_p' \qquad\qquad\qquad (A 1.20)$$

と表す。e_i, e_j, e_k のそれぞれに e_1 を入れ，x_3 軸あるいは x_2 軸周りに $180°$ 回転させ，$e_1'\to -e_1$ とすると，$\alpha_{1m}, \alpha_{1n}, \alpha_{1p}$ はそれぞれ $-\delta_{m1}, -\delta_{n1}, -\delta_{p1}$ となり

$$t_{111}=\alpha_{1m}\alpha_{1n}\alpha_{1p}t_{mnp}'=-t_{111}'$$

となり，$t_{111}=-t_{111}'$ が得られる（偶数階のテンソルでは右辺の負号は現れない）。等方性の条件 $t_{111}=t_{111}'$ から $t_{111}=0$ となる。同様にして

$$t_{111}=t_{222}=t_{333}=0 \qquad\qquad\qquad\qquad (A 1.21)$$

が得られる。

また，同様にして e_i, e_j, e_k にそれぞれ e_1, e_2, e_3 を入れ，x_2 軸の周りに x_2 軸の正方向に向かって，反時計まわりに $90°$ 回転させると $e_1'\to e_3, e_2'\to e_2, e_3'\to -e_1$ となり

$$t_{123}=-t_{321}'$$

が得られるが，等方性の条件から $t_{123}=-t_{321}$ でなければならない。同様にして

$$t_{132}=-t_{312}$$

$$t_{213}=-t_{231}$$

が得られる。

上記の回転を x_2 軸周りに $90°$，そのあと x_3' 軸の周りに $90°$ 回転させ，$e_1'\to e_2, e_2'\to e_3$，

$e_3' \to e_1$ とすると $t_{123} = t_{231}$ となり，同様に

$$t_{123} = t_{231} = t_{312}$$

を得る。

一方，e_i, e_j, e_k に e_1, e_1, e_2 を入れ，x_3 軸の周りに $180°$ 回転させると

$$t_{112} = - t_{112}'$$

となるが，等方性の条件から $t_{112} = 0$ を得る。同様に $t_{121} = t_{211} = 0$ である。同様にして，t_{ijk} の添え字のうち二つが同じ場合は，その成分は 0 でなければならないことが導かれる。これらのことから，3 階の等方性テンソルは

$$t_{ijk} = c\varepsilon_{ijk} \qquad (c：定数) \tag{A 1.22}$$

ただし

$$\varepsilon_{ijk} \text{ は} \begin{cases} (i, j, k) \text{ が } (1, 2, 3) \text{ の偶置換なら} & 1 \\ (i, j, k) \text{ が } (1, 2, 3) \text{ の奇置換なら} & -1 \\ \text{それ以外なら} & 0 \end{cases}$$

でなければならない。

逆に，t_{ijk} は任意の回転に対し

$$t_{mnp}' = c\alpha_{im}\alpha_{jn}\alpha_{kp}\varepsilon_{ijk} = c\varepsilon_{mnp}$$

となる。この式はつぎのようにして確かめられる。

まず，α_{ij} からなる 3×3 の行列式を考える。

$$\det(\alpha_{ij}) = \alpha_{1i}\alpha_{2j}\alpha_{3k}\varepsilon_{ijk} \tag{A 1.23}$$

である。一方，式 (A 1.5) を用いると

$$\det(\alpha_{ij})\det(\alpha_{ij})^T = 1$$

であることが確かめられる。また，定義から $\alpha_{ij} = \alpha_{ji}$ であるから

$$(\alpha_{ij})^T = (\alpha_{ij})$$

$$\det(\alpha_{ij}) = \pm 1 \tag{A 1.24}$$

となる。行列式の性質から一つの行の成分を他の行の成分で入れ換えると 0 になる。例えば

$$\alpha_{1i}\alpha_{1j}\alpha_{3k}\varepsilon_{ijk} = 0$$

また，任意の二つの行の成分をたがいに入れ換えると符号が変わる。例えば

$$\alpha_{1i}\alpha_{2j}\alpha_{3k}\varepsilon_{ijk} = - \alpha_{2i}\alpha_{1j}\alpha_{3k}\varepsilon_{ijk}$$

であり，2 回入れ換えると同符号であるから，例えば

$$\alpha_{1i}\alpha_{2j}\alpha_{3k}\varepsilon_{ijk} = \alpha_{3i}\alpha_{1j}\alpha_{2k}\varepsilon_{ijk}$$

これらの性質から

$$\alpha_{im}\alpha_{jn}\alpha_{kp}\varepsilon_{ijk} = \alpha_{mi}\alpha_{nj}\alpha_{pk}\varepsilon_{ijk} = \varepsilon_{mnp} \tag{A 1.25}$$

であることがわかる。符号は $i = m = 1$，$j = n = 2$，$k = p = 3$ として定めている。

110   付   録

[4階の等方性テンソル]

4階のテンソル $\boldsymbol{T}$ を

$$\boldsymbol{T} = t_{ijkl}\boldsymbol{e}_i\boldsymbol{e}_j\boldsymbol{e}_k\boldsymbol{e}_l = t_{mnpq}'\boldsymbol{e}_m'\boldsymbol{e}_n'\boldsymbol{e}_p'\boldsymbol{e}_q' \tag{A 1.26}$$

と表す。これまでと同様の手順であるが，$\boldsymbol{e}_i, \boldsymbol{e}_j, \boldsymbol{e}_k, \boldsymbol{e}_l$ に $\boldsymbol{e}_1$ を入れて x_3 軸周りに $90°$ 回転し $\boldsymbol{e}_1' \to \boldsymbol{e}_2$ とすると，$\alpha_{1m}, \alpha_{1n}, \alpha_{1p}, \alpha_{1q}$ は，それぞれ $-\delta_{m2}, -\delta_{n2}, -\delta_{p2}, -\delta_{q2}$ となり

$$t_{1111} = \alpha_{1m}\alpha_{1n}\alpha_{1p}\alpha_{1q}t_{mnpq}' = t_{2222}' \tag{A 1.27}$$

から $t_{1111} = t_{2222}$ が得られ，同様にして

$$t_{1111} = t_{2222} = t_{3333} \tag{A 1.28}$$

となる。また $\boldsymbol{e}_i, \boldsymbol{e}_j, \boldsymbol{e}_k, \boldsymbol{e}_l$ にそれぞれ $\boldsymbol{e}_1, \boldsymbol{e}_1, \boldsymbol{e}_2, \boldsymbol{e}_2$ を入れ，x_3 軸周りの $90°$ 回転により $\boldsymbol{e}_1' \to \boldsymbol{e}_2, \boldsymbol{e}_2' \to -\boldsymbol{e}_1$ とすることにより，$\alpha_{1m}, \alpha_{1n}, \alpha_{2p}, \alpha_{2q}$ はそれぞれ $-\delta_{m2}, -\delta_{n2}, \delta_{p1}, \delta_{q1}$ となり

$$t_{1122} = t_{2211} \tag{A 1.29}$$

となる。同様にして，t_{ijkl} の成分のうち $i=j, k=l$，すなわち t_{iikk} についてはすべて等しい値となることが示せる。また，$i=k, j=l$，すなわち t_{ijij} についてもすべて等しい値を持つ。同様に，$i=l, j=k$，すなわち t_{ijji} についても同じことが示せる。しかし一般に，$t_{iijj} \neq t_{ijji} \neq t_{ijij}$ である。

一方，上記以外の成分はすべて 0 でなければならない。これは例えば，$\boldsymbol{e}_1, \boldsymbol{e}_1, \boldsymbol{e}_1, \boldsymbol{e}_2$ をとり，式(A 1.27)を求めたときと同じ回転を行うと

$$t_{1112} = -t_{2221}'$$

となり，さらに x_1' 軸周りに $180°$ 回転すると

$$t_{1112} = t_{2221}'$$

となる。これより $t_{1112} = 0$ であり，その他の成分も同様にして確かめることができる。

ここで4階テンソル t_{ijkl} の 0 でない成分のうち，i, j, k, l がすべて等しいものと，二つずつが等しいものとの大きさを比較する。式(A 1.27)を導く手順で，ここでは x_3 軸の正方向に向かって時計回りに $45°$ 回転すると $\alpha_{11} = 1/\sqrt{2}$，$\alpha_{12} = -1/\sqrt{2}$，$\alpha_{13} = 0$ であるので

$$\begin{aligned} t_{1111} &= \alpha_{1m}\alpha_{1n}\alpha_{1p}\alpha_{1q}t_{mnpq}' \\ &= \frac{1}{4}(t_{1111}' + t_{2222}' + t_{1122}' + t_{1212}' + t_{1221}' + t_{2211}' + t_{2121}' + t_{2112}') \\ &= \frac{1}{2}(t_{1111}' + t_{1122}' + t_{1212}' + t_{1221}') \end{aligned} \tag{A 1.30}$$

となる。ここで，2 番目の等号を導く際，右辺に現れる成分のうち 0 のものは省いている。また，3 番目の等号では

$$t_{1111}' = t_{2222}', \quad t_{1122}' = t_{2211}', \quad t_{1212}' = t_{2121}', \quad t_{1221}' = t_{2112}'$$

を使った。等方性の条件から

$$t_{1111}' = \frac{1}{2}(t_{1111}' + t_{1122}' + t_{1212}' + t_{1221}')$$

となり

$$t_{1111}' = t_{1122}' + t_{1212}' + t_{1221}'$$

を得る。

これらのことから，4階の等方性テンソルは

$$t_{ijkl} = a\delta_{ij}\delta_{kl} + b\delta_{ik}\delta_{jl} + c\delta_{il}\delta_{jk} \qquad (a, b, c：定数) \tag{A 1.31}$$

と表せる。

任意の回転に対し，$a\delta_{ij}\delta_{kl}$ は式（A 1.10）より

$$a\delta_{mn}'\delta_{pq}' = a\alpha_{im}\alpha_{jn}\delta_{ij}\alpha_{kp}\alpha_{lq}\delta_{kl} = a\alpha_{im}\alpha_{in}\alpha_{kp}\alpha_{kq} = a\delta_{mn}\delta_{pq}$$

となり，等方的であることがわかる。

一般の偶数階の等方性テンソルについては後述する。

2．格子気体法および格子 Boltzmann 法でのテンソル

A．格子と等方性テンソル

格子気体法および格子 Boltzmann 法で用いられる格子に沿う速度ベクトルを c_i とすると，巨視的な方程式におけるテンソルは

$$\boldsymbol{T}_{\alpha\beta\gamma\cdots\chi}^{(n)} = \sum_{i}^{M}(\boldsymbol{c}_i)_\alpha(\boldsymbol{c}_i)_\beta\cdots(\boldsymbol{c}_i)_\chi \tag{A 2.1}$$

の形で現れる。ここで，添字は本文のものと同じで，M は格子に沿う速度の方向の数で 2 次元正方形格子を用いる HPP モデルでは $M=4$，正 6 角形格子を用いる FHP モデルでは $M=6$ である。$\alpha, \beta, \gamma, \cdots\chi$ は空間の次元を表し，2 次元では 1 および 2，3 次元では 1，2，3 の値をとる。HPP モデルおよび FHP モデルについては文献（3-2），（3-16）を参照されたい。

ここで，流体が等方的であるということは，方程式に表れるこれらのテンソルが付録 1 で述べたように，任意の座標の回転に対してその成分が不変であることに加え，鏡映変換に対しても不変でなければならない。鏡映変換とは，ある線（面）に関して鏡像への変換である。この条件を課すると，すべての奇数階のテンソルは 0 でなければならない。

結局，d 次元で M 個のベクトル c_i からなる等方性テンソルは，$|c_i|=1$ のとき

$$\boldsymbol{T}^{(2n+1)} = 0 \tag{A 2.2}$$

$$\boldsymbol{T}^{(2n)} = \frac{M}{d(d+2)\cdots(d+2n-2)}\varDelta^{(2n)} \tag{A 2.3}$$

112　　付　　　　　　　　録

と表される。ここで

$$\Delta_{\alpha\beta}^{(2)} = \delta_{\alpha\beta} \tag{A 2.4}$$

$$\Delta_{\alpha\beta\gamma\kappa}^{(4)} = \delta_{\alpha\beta}\delta_{\gamma\kappa} + \delta_{\alpha\gamma}\delta_{\beta\kappa} + \delta_{\alpha\kappa}\delta_{\gamma\beta} \tag{A 2.5}$$

である。

　一般に $\Delta^{(2n)}$ は Kronecker デルタのすべての可能な $(2n-1)!!$ 個の積の和で表され，つぎの漸化式で与えられる。

$$\Delta_{a_1 a_2 \cdots a_{2n}}^{(2n)} = \sum_{j=2}^{2n} \delta_{a_1 a_j} \Delta_{a_2 a_3 \cdots a_{j-1} a_{j+1} a_{2n}}^{(2n-2)} \tag{A 2.6}$$

$\Delta^{(2n)}$ は対称であるから，（添字が減少するように並ぶ）半分の成分で表すこともできる。例えば，$\alpha\beta\gamma\kappa$ が 1111，2111，2211，2221，2222 の成分を，この順序で書き示すと 4 階の等方性テンソルは 2 次元では

$$\Delta^{(4)} = [3, 0, 1, 0, 3] \tag{A 2.7}$$

となり，3 次元では上述の 5 成分に加えて 3111，3211，3221，3222，3311，3321，3322，3331，3332，3333 の成分を示すと

$$\Delta^{(4)} = [3, 0, 1, 0, 3, 0, 0, 0, 0, 1, 0, 1, 0, 0, 3] \tag{A 2.8}$$

と表せる。各成分は 0 と 1 と 3 の組合せとなる。

　同様に，6 階の等方性テンソルは，2 次元では

$$\Delta^{(6)} = [15, 0, 3, 0, 3, 0, 15] \tag{A 2.9}$$

となり 3 次元では

$$\Delta^{(6)} = [15, 0, 3, 0, 3, 0, 15, 0, 0, 0, 0, 0, 0, 3, 0, 1, 0, 3, 0, 0, 0, 0, 3, 0, 3, 0, 0, 15] \tag{A 2.10}$$

となる。

　[例]　正 6 角形格子を用いる FHP モデルで考えると

$$T^{(2)} = \sum_{i=1}^{6} (c_i)_\alpha (c_i)_\beta$$

となり，$\alpha = \beta = x$ のとき

$$T^{(2)} = 1 + \frac{1}{4} + \frac{1}{4} + \frac{1}{4} + \frac{1}{4} + 1 = 3$$

$\alpha = \beta = y$ のとき

$$T^{(2)} = \frac{3}{4} + \frac{3}{4} + \frac{3}{4} + \frac{3}{4} = 3$$

$\alpha = x$，$\beta = y$ のとき

$$T^{(2)} = \frac{1}{2}\frac{\sqrt{3}}{2} - \frac{1}{2}\frac{\sqrt{3}}{2} + \frac{1}{2}\frac{\sqrt{3}}{2} - \frac{1}{2}\frac{\sqrt{3}}{2} = 0$$

$\alpha = y$，$\beta = x$ のとき

$$T^{(2)} = \frac{\sqrt{3}}{2}\frac{1}{2} - \frac{\sqrt{3}}{2}\frac{1}{2} + \frac{\sqrt{3}}{2}\frac{1}{2} - \frac{\sqrt{3}}{2}\frac{1}{2} = 0$$

となり

$$T^{(2)} = \frac{6}{2}\,\delta_{\alpha\beta}$$

が確認できる。4階のテンソルについても同様に計算で確かめることができる。

平衡状態の分布関数に現れる項については，一般的に

$$\frac{1}{M}\sum_{i=1}^{M}(\boldsymbol{c}_i\cdot\boldsymbol{u})^{2n} = Q_{2n}|\boldsymbol{u}|^{2n} = \frac{(2n-1)!!}{d(d+2)\cdots(d+2n-2)}\,|\boldsymbol{u}|^{2n} \tag{A 2.11}$$

と書けるので，2次元の場合

$$Q_2 = \frac{1}{2}, \qquad Q_4 = \frac{3}{8}, \qquad Q_6 = \frac{5}{16}, \quad \cdots$$

となり，3次元の場合

$$Q_{2n} = \frac{1}{2n+1}$$

となる。同様にして

$$\frac{1}{M}\sum_{i=1}^{M}(\boldsymbol{c}_i\cdot\boldsymbol{u})^{2n+1} = Q_{2n}|\boldsymbol{u}|^{2n}\boldsymbol{u} \tag{A 2.12}$$

速度ベクトルの大きさが，1以外の粒子も合わせて用いる場合，テンソルは

$$T_{\alpha\beta\gamma\cdots\chi}^{(n)} = \sum_{i=1}^{M} w(|\boldsymbol{c}_i|^2)(\boldsymbol{c}_i)_\alpha(\boldsymbol{c}_i)_\beta\cdots(\boldsymbol{c}_i)_\chi \tag{A 2.13}$$

と表され，重み $w(|\boldsymbol{c}_i|^2)$ は一般的に1と異なる値をとる。

B．正多角形での等方性テンソル

2次元の場で正多角形の頂点への単位ベクトル $\boldsymbol{c}_i(|\boldsymbol{c}_i|=1)$ の集合を考える。ここで

$$\boldsymbol{c}_i = \left(\cos\frac{2\pi(i-1)}{M},\ \sin\frac{2\pi(i-1)}{M}\right) \tag{A 2.14}$$

である。

テンソルが等方的になる条件を**表 A 2.1** に示す。

この表から M が十分大きいときには，すべての $T^{(n)}$ が等方的になることがわかる。また，$T^{(n)}$ は $M(\leqq n)$ が $n, n-2, n-4, \cdots$ のいずれの整数によっても割り切れない場合にのみ等方的となる。

HPP モデル $(M=4)$ では，$T^{(4)}$ は非等方的で

$$T^{(4)}|_{M=4} = 2\delta^{(4)} \tag{A 2.15}$$

と表される。ここで，$\delta^{(n)}$ は添字 n 個の Kronecker デルタで

114　　付　　　　　　録

表 A 2.1

$T^{(2)}$	$M > 2$
$T^{(3)}$	$M \geqq 2,\quad M \neq 3$
$T^{(4)}$	$M > 2,\quad M \neq 4$
$T^{(5)}$	$M \geqq 2,\quad M \neq 3,\ 5$
$T^{(6)}$	$M > 4,\quad M \neq 6$
$T^{(7)}$	$M \geqq 2,\quad M \neq 3,\ 5,\ 7$

$$\delta_{\alpha\beta\gamma k}{}^{(4)} = \begin{cases} \alpha = \beta = \gamma = k \text{ のとき} & 1 \\ \text{その他} & 0 \end{cases} \tag{A 2.16}$$

である。

一方，FHP モデルでは $M=6$ であり，$T^{(n)}$ は $n=5$ まで等方的である。しかし，$T^{(6)}$ は

$$T^{(6)}|_{M=6} = \frac{1}{16}[33, 0, 3, 0, 9, 0, 27] \tag{A 2.17}$$

の成分を持ち，式(A 2.9)と比較すればわかるように，非等方性テンソルとなっている。

C．正多面体での等方性テンソル

3 次元では正多面体の頂点へのベクトル c_i を考える。**表 A 2.2** に等方性テンソルについて示している。

表 A 2.2

c_i の成分	M	$T^{(2)}$	$T^{(3)}$	$T^{(4)}$	$T^{(5)}$	$T^{(6)}$
正4面体 $(1, 1, 1)$, $cyc:(1, -1, 1)$	4	Y	N	N	N	N
正6面体 $(\pm 1, \pm 1, \pm 1)$	8	Y	Y	N	Y	N
正8面体 $cyc:(\pm 1, 0, 0)$	6	Y	Y	N	Y	N
正12面体 $(\pm 1, \pm 1, \pm 1)$, $cyc:(0, \pm \phi^{-1}, \pm \phi)$	20	Y	Y	Y	Y	N
正20面体 $cyc:(0, \pm \phi, \pm 1)$	12	Y	Y	Y	Y	N

（注）　cyc は巡回置換 (cyclic permutation) を表している。また，Y は等方性テンソルが存在することを意味し，N は存在しないことを意味している。また，ϕ は黄金比 $(1+\sqrt{5})/2$ である。

D．規 則 的 格 子

先の B．および C．で述べた一般の正多角形，あるいは正多面体では空間を埋めることはできない。これまでの議論で，2 次元では正 6 角形格子を用いると $T^{(4)}$ までのテ

ンソルが等方的であり，Navier-Stokes 方程式を導くことができる。しかし，3 次元では立方体格子においても，6 角形格子（平面形が 6 角形）においても $T^{(4)}$ は等方的にはなり得ない。

しかし，格子を最近接の格子点以外にもつなぐことにより，より等方的な c_i の集合を作ることができる。例えば，2 次元の正方形格子において

$$c_i = (0, \pm 1), (\pm 1, 0), (\pm 1, \pm 1) \qquad (A\,2.18)$$

なる c_i の集合を考える。ここで（ ）の 1 番目と 2 番目は HPP モデルで用いた速度集合であり，最後の速度ベクトルは図 3.2 に示すように原点から $\sqrt{2}$ の長さの点に進む粒子の速度を表している。この粒子を含めると式(A 2.13)の重み$w(|c_i|^2)$ を考慮して

$$T^{(2)} = 2[w(1) + 2w(2)]\delta^{(2)} \qquad (A\,2.19)$$
$$T^{(4)} = 4w(2)\varDelta^{(4)} + 2[w(1) - 4w(2)]\delta^{(4)} \qquad (A\,2.20)$$

と書ける。いま

$$w(1) = 4w(2) \qquad (A\,2.21)$$

となるように，$|c_i| = 1$ および $|c_i| = \sqrt{2}$ の速度を持つ粒子の数の比を保つならば，$T^{(4)}$ は等方的となる。

3 次元において立方体格子を考えると，$|c_i| = 1, \sqrt{2}, \sqrt{3}$ を考えることができる。つまり，考える格子点として，**立方体格子**（primitive cubic lattice），**面心立方体格子**（face-centered cubic lattice）および**体心立方体格子**（body-centered cubic lattice）をすべて含めることになる。テンソル $T^{(n)}$ は

$$T^{(2)} = 2[w(1) + 4w(2) + 4w(3)]\delta^{(2)} \qquad (A\,2.22)$$
$$T^{(4)} = 4[w(2) + 2w(3)]\varDelta^{(4)} + 2[w(1) - 2w(2) - 8w(3)]\delta^{(4)} \qquad (A\,2.23)$$
$$T^{(6)} = 8w(2)\varDelta^{(6)} + 4[w(2) - 4w(3)]\varDelta^{(4,2)} + 2[w(1) - 26w(2) + 64w(3)]\delta^{(6)} \qquad (A\,2.24)$$

と書ける。ここで $\varDelta^{(4,2)}$ は，$\delta^{(4)}$ および $\delta^{(2)}$ のすべての可能な組合せの積の和を表しており，非等方的なテンソルである。$T^{(4)}$ は

$$w(1) = 2w(2) + 8w(3) \qquad (A\,2.25)$$

が成り立つならば等方的となる。また，$T^{(6)}$ も

$$w(1) = 10w(2) = 40w(3) \qquad (A\,2.26)$$

とすれば等方的となるが，式(A 2.25)，(A 2.26)が同時に成立する w は存在しない。しかし

$$c_i = (\pm 2, 0, 0) \quad \text{および} \quad \text{その置換} \qquad (A\,2.27)$$

を考慮すると，すなわち，二つ離れた格子点への粒子の移動を考えて，$|c_i| = 2$ を導入すると

$$w(2) = \frac{1}{2} w(1), \qquad w(3) = \frac{1}{8} w(1), \qquad w(4) = \frac{1}{16} w(1) \qquad (A\,2.28)$$

が成り立つならば，$T^{(6)}$ も等方的になることが示せる。これらのテンソルを等方的にする条件は，平衡状態の分布関数を規定し，粒子どうしの個々の衝突則を決定する。あるいは，平衡状態でのある与えられた速度を持つ粒子の数を決定することになる。

参 考 文 献

1章

　流体力学の本は非常に多数に上り，すべてを網羅することは不可能である。どの本でもよいから，書店の棚に並んでいる本を手にとって，自分が読みやすいと思われる本を選ぶとよい。

　著者が参考とした本は

（1-1）　今井　功：流体力学，岩波書店（1970）

（1-2）　今井　功：流体力学前編，裳華房（1973）

（1-3）　神部　勉編著：流体力学（基礎演習シリーズ），裳華房（1995）

（1-4）　巽　友正：流体力学，培風館（1982）

（1-5）　チャ・シュン・イー著，蔦原道久，橋本　潔，小川和彦，井藤　創共訳：
　　　　流体力学，アイピーシー（1996）

（1-6）　日野幹雄：流体力学，朝倉書店（1992）

（1-7）　東　昭：流体力学，朝倉書店（1993）

（1-8）　G. K. バチェラー著，橋本英典，松信八十男，神戸　勉，桑原真二，塩田
　　　　進，高木隆司，高尾利治共訳：入門流体力学，東京電機大学出版局（1972）

（1-9）　H. W. リープマン，A. ロシュコ共著，玉田　珖訳：気体力学，吉岡書店
　　　　（1982）

　乱流についての本も非常に多いが

（1-10）　巽　友正編：乱流現象の科学－その解明と制御，東京大学出版会（1986）

（1-11）　木田重雄，柳瀬眞一郎：乱流力学，朝倉書店（1999）

がまとまっている。

　非 Newton 流体については

（1-12）　中村喜代次：非ニュートン流体力学，コロナ社（1997）

2章

　数値流体力学の本も非常にたくさん出版されている。

118　参　考　文　献

(2-1)　日本機械学会編：流れの数値シミュレーション，コロナ社（1986）

(2-2)　保原　充，大宮司久明編：数値流体力学，東京大学出版会（1992）

(2-3)　棚橋隆彦：CFD 数値流体力学，アイピーシー（1993）

(2-4)　棚橋隆彦：はじめての CFD—移流拡散方程式，コロナ社（1996）

(2-5)　藤井孝蔵：流体力学の数値計算法，東京大学出版会（1994）

(2-6)　荒川忠一：数値流体工学，東京大学出版会（1994）

(2-7)　数値流体力学編集委員会編：数値流体力学シリーズ，東京大学出版会（1995）

(2-8)　小林敏雄編：数値流体力学ハンドブック，丸善（2003）

(2-9)　登坂宣好，大西和栄：偏微分方程式の数値シミュレーション，東京大学出版会（1991）

(2-10)　水野明哲：流れの数値解析入門，朝倉書店（1990）

また，乱流の計算法として

(2-11)　梶島岳夫：乱流の数値シミュレーション，養賢堂（1999）

(2-12)　Lesieur, M., Métais, O., Comte, P. 共著，柳瀬眞一郎，百武　徹，河原源太，渡辺　毅共訳：乱流のシミュレーション，森北出版（2010）

3章

少し古いがセルオートマトンについては，関係論文をまとめた本として

(3-1)　Wolfram, S., ed.：Theory and Applications of Cellular Automata, World Scientific（1986）

また，格子気体法の解説として

(3-2)　Frisch. U., d'Humières, D., Hasslacher, B., Lallemand, P., Pomeau, Y., and Rivet, J.-P.：Lattice gas hydrodynamics in two and three dimensions, Complex Systems, **1**（1987）

(3-3)　Wolfram, S.：Cellular automaton fluids 1; Basic theory, J. Statistic. Phys., **45**（1986）

(3-4)　Henon, M.：Viscosity of a lattice gas, Complex Systems, **1**（1987）

がある。この手法はいまではまず使われることはないと思われるが，格子Boltzmann 法のモデルの等方性など考えるうえで参考になる。

一方，格子 Boltzmann 法については

(3-5)　Qian, Y. H., Succi, S., and Orszag, S. A.：Recent Advances in Lattice Boltzmann Computing, Annual Reviews of Computational Physics. III, D. Stauffer, ed., World Scientific, pp. 195-242（1995）

参　考　文　献　119

(3-6)　Chen, S. and Doolen, G. D.：Lattice Boltzmann method for fluid flows, Annual Reviews of Fluid Mechanics, Ann. Rev. Inc., pp. 329-364 (1998)

(3-7)　Wolf-Gladrow, D. A.：Lattice-Gas Cellular Automata and Lattice Boltzmann Models, Lecture Notes in Mathematics, Springer (2000)

(3-8)　稲室隆二：格子 Boltzmann 法・新しい流体シミュレーション法，物性研究，**77** (2001)

(3-9)　Nourgaliev, R. R., Dinh, T. N., Theofanous, T. G., and Joseph, D.：The lattice Boltzmann equation method：Heoretical interpretation, numerics and implications, Int. J. Multiphase Flow, **29** (2003)

(3-10)　Luo, L-S.：Lattice Boltzmann methods for computational fluid dynamics (2003)；https://onlinelibrary.wiley.com/doi/10.1002/9780470686652.eae064

(3-11)　Wagner, A. J.：A practical introduction to the lattice Boltzmann method (2008)；https://www.ndsu.edu/fileadmin/physics.ndsu.edu/Wagner/LBbook.pdf#search=%27Wagner+LatticeBOltzmann%27

(3-12)　Luo, L-S.：Theory of the lattice Boltzmann method：Lattice Boltzmann models for non-ideal gases, NASA/CR-2001-210858 (2001)

などの解説記事や，解説書

(3-13)　Rothman, D. H. and Zalenski, S.：Lattice-Gas Cellular Automata, Cambridge University Press (1997)

(3-14)　Chopard, B. and Droz, M.：Cellular Automata Modeling of Physical Systems, Cambridge University Press (1998)

(3-15)　Succi, S.：The Lattice Boltzmann Equation for Fluid Dynamics and Beyond, Oxford (2001)

があり，複雑流体への応用にも詳しい。

本書の旧版

(3-16)　蔦原道久，高田尚樹，片岡　武：格子気体法・格子ボルツマン法，コロナ社 (1999)

も加えさせていただく。

最近出版された洋書を挙げておくが，著者自身は未読である。

(3-17)　Huang, H., Sukop, M., and Lu, X.：Multiphase Lattice Boltzmann Methods, Theory and Application, Wiley-Blackwell (2015)

(3-18)　Krueger, T. and Kusumaatmaja, H.：The Lattice Boltzmann Method：Principles and Practice (Graduate Texts in Physics), Springer (2016)

4章

差分格子Boltzmann法に限った解説は少ないが，拙著

(4-1)　蔦原道久，渡利　実：CFD最前線2，日本機械学会編，共立出版（2007）

(4-2)　蔦原道久：格子ボルツマン法の基礎と応用，日本機械学会誌研究展望（2011）

(4-3)　Tsutahara, M.：The finite difference lattice Boltzmann method and its application to computational aero-acoustics, Fluid Dynamic Research, **44**, 4 (2012)

(4-4)　蔦原道久：数値流体力学の手法としての差分格子ボルツマン法，数理解析研究所講究録，1946（2015）

その他論文としていくつか挙げると

(4-5)　Cao, N. S., Chen S., Jin, S., and Martinez, D.：Physical symmetry and lattice symmetry in the lattice Boltzmann method, Phys. Rev. E, **55** (1997)

(4-6)　蔦原道久，栗田　誠，岩上武善：差分格子ボルツマン法における新しいモデル，日本機械学会論文集B，**68**, 665（2002）

(4-7)　Guo, Z. and Zhao, T. S.：Finite-difference-based lattice Boltzmann model for dense binary mixtures, Phys. Rev. E, **71**, 026701（2005）

(4-8)　Watari, M. and Tsutahara, M.：Supersonic flow simulations by a three-dimensional multispeed thermal model of the finite difference lattice Boltzmann method, Physica A, **364**（2006）

差分格子Boltzmann法の精度，数値粘性については

(4-9)　Reider, M. B. and Sterling, J.：Accuracy of discrete-velocity BGK model for the simulation of the incompressible Navier-Stokes equations, Comput. Fluids, **24**, 4（1998）

(4-10)　Sofonea, V. and Sekerka, R. F.：Viscosity of finite difference lattice Boltzmann models, J. Comput. Phys., **184**（2003）

(4-11)　水谷　聡，蔦原道久：差分格子ボルツマン法における数値粘性の影響，日本機械学会論文集B，**72**, 723（2006）

計算の安定性については

(4-12)　Guo, Z. and Zhao, T. S.：Explicit finite-difference lattice Boltzmann method for curvilinear coordinates, Phys. Rev., **67**, 066709（2003）

本書では扱わなかったが，計算の精度を落とすことなく安定に計算する方法として，流束制限法という手法がある。差分格子Boltzmann法への応用として

(4-13)　Sofonea, V., Lamura, A., Gonnella, G., and Cristea, A.：Finite-difference

参　考　文　献　　*121*

lattice Boltzmann model with flux limiters for liquid-vapor systems, Phys. Rev. E, **70**, 046702（2004）

が参考になる。

熱を扱うための2流体モデルについては

(4-14)　He, X., Chen, S., and Doolen, G. D.：A novel thermal model for the lattice Boltzmann method in incompressible limit, J. Comput. Phys., **146**（1998）

(4-15)　Inamuro, T., Yoshino, M., Inoue, H., Mizuno, R., and Ogino, F.：A lattice Boltzmann method for a binary miscible fluid mixture and its application to a heat-transfer problem, J. Comput. Phys., **179**（2002）

(4-16)　Peng, Y., Shu, C., and Chew, Y. T.：Simplified thermal lattice Boltzmann model for incompressible thermal flows, Phys. Rev. E, **68**, 026701（2003）

(4-17)　Luo, L-S. and Girimaji, S. S.：Theory of the lattice Boltzmann method：Two-fluid model for binary mixtures, Phys. Rev. E, **67**, 036302（2003）

(4-18)　Guo, Z., Zheng, C., and Shi, B.：Thermal lattice Boltzmann equation for low Mach number flows：Decoupling model, Phys. Rev. E, **75**, 036704（2007）

有限体積 Boltzmann 法については

(4-19)　Xi, H., Peng, G., and Chou, S-H.：Finite-volume lattice Boltzmann schemes in two and three dimensions, Phys. Rev. E, **60**（1999）

(4-20)　Peng, G., Xi, H., Duncan, C., and Chou, S-H.：Finite volume scheme for the lattice Boltzmann method on unstructured meshes, Phys. Rev. E, **59**（1999）

(4-21)　Chen, H.：Volumetric formulation of the lattice Boltzmann method for fluid dynamics：Basic concept, Phys. Rev. E, **58**（1998）

(4-22)　Ubertini, S., Bella, G., and Succi, S.：Lattice Boltzmann method on unstructured grids：Further developments, Phys. Rev. E, **68**, 016701（2003）

(4-23)　小沢　拓，米津豊作，棚橋隆彦：有限体積格子ボルツマン法を用いた流体解析，Trans. JSCES, 20040005（2004）

(4-24)　Li, Y., LeBoeuf, E. J., and Basu, P. K.：Least-squares finite-element scheme for the lattice Boltzmann method on an unstructured mesh, Phys. Rev. E, **72**, 046711（2005）

(4-25)　Fan, H., Zhang, R., and Chen, H.：Extended volumetric scheme for lattice Boltzmann models, Phys. Rev. E, **73**, 066708（2006）

(4-26)　望月一正，近藤崇匡，蔦原道久：有限体積格子ボルツマン法による非構造格子を用いたエオルス音の直接計算，日本機械学会論文集 B, **72**, 724（2006）

ALE 法については

122 　参　考　文　献

(4-27)　Hirt, C. W.：An arbitrary Lagrangean-Eulerian computing method for all flow speeds, J. Comput. Phys., **14**（1974）

がわかりやすい。差分格子 Boltzmann 法への応用については

(4-28)　田村明紀，蔦原道久：差分格子ボルツマン法における ALE 法を用いた移動物体周りの流れおよび音場のシミュレーション，日本機械学会論文集 B, **71**, 709（2005）

(4-29)　田村明紀，蔦原道久：ALE 法を用いた差分格子ボルツマン法による物体周りの遷音速流れのシミュレーション，日本機械学会論文集 B, **73**, 728（2007）

(4-30)　赤松克児，蔦原道久：差分格子ボルツマン法によるトンネル圧縮波の発生と伝播特性，日本機械学会論文集 B, **76**, 771（2010）

格子 Boltzmann 法と関連するが，摂動法に関する解説は膨大である。流体力学の書物として紹介した（1-1），（1-4），（1-8）には，接動法を用いた解析も紹介されている。

摂動法の代表的な本としては

(4-31)　Van Dyke, M.：Perturbation Methods in Fluid Mechanics, The Parabolic Press（1975）

があり，応用数学の話題として代表的な本としては

(4-32)　橋本英典：自然科学者のための数学概論（応用編），第 2, 3 章，岩波書店（1960）

(4-33)　Nayfeh, A. H.：Perturbation Methods, John Wiley（1973）

(4-34)　Render, C. M. and Orzag, S. A.：Advanced Mathematical Methods for Scientists and Engineers, McGraw-Hill（1978）

などがある。一度体系的に勉強されることをおすすめする。英語であるが文献（4-34）は非常にわかりやすい。

格子 Boltzmann 法と関わりの深い分子気体力学については，本では

(4-35)　曾根良夫，青木一生：分子気体力学，朝倉書店（1994）

と解説では

(4-36)　曾根良夫，青木一生：希薄気体力学（分子気体力学），流体力学ハンドブック，日本流体力学会編，丸善（1998）

が，特異摂動法の話があり，難しいが読みごたえがある。その他定本として

(4-37)　Vincenti, W. G. and Kruger, C. H., Jr.：Introduction to Physical Gas Dynamics, John Wiley and Sons（1965）

(4-38)　Chapman, S. and Cowling, T. G.：The Mathematical Theory of Non-uniform Gases, Cambridge University Press（1970）

参　考　文　献　　*123*

(4-39)　丹生慶四郎：ガス力学，コロナ社（1972）

(4-40)　Sone, Y.：Kinetic Theory and Fluid Dynamics, Birkhauser（2002）

(4-37)，(4-38)，(4-39) には Chapman-Enskog 展開についての説明もある。
(4-35)，(4-36)，(4-40) は Sone 展開について開発者自身が解説している。

　つぎの文献 (4-41) には，4.3節で述べた Sone 展開の格子 Boltzmann 法への適用
も試みられている。

(4-41)　Inamuro, T., Yoshino, M., and Ogino, F.：Accuracy of the lattice Boltzmann
method for small Knudsen number with finite Reynolds number, Phys. Fluids, **9**
（1997）

格子 Boltzman 法における境界条件については

(4-42)　Skordos, P. A.：Initial and boundary condition for the lattice Boltzmann
method, Phys. Rev. E, **48**（1993）

(4-43)　Noble, D. R., Chen, S., Georgiadis, J. G., and Buckius, R. O.：A consistent
hydrodynamic boundary condition for the lattice Boltzmann method, Phys. Fluids,
7, 1（1995）

(4-44)　Inamuro, T., Yoshino, M., and Ogino, F.：A non-slip boundary condition for
lattice Boltzmann simulations, Phys. Fluids, **7**, 12（1995）

(4-45)　Zou, Q. and He, X.：On pressure and velocity boundary conditions for the
lattice Boltzmann BGK model, Phys. Fluids, **9**, 6（1997）

(4-46)　Kandhai, D. A., Koponen, A., Hoekstra, A., Kataja, M., Timonen, J., and Sloot,
P. M. A.：Implementation aspects of 3D lattice-BGK：Boundaries, accuracy, and
a new fast relaxation method, J. Comput. Phys., **150**（1999）

(4-47)　渡利　實，蔦原道久：格子ボルツマン法の境界条件，日本機械学会論文集
B, **68**, 676（2002）

(4-48)　Sofonea, V. and Sekerka, R. F.：Diffuse-reflection boundary conditions for
a thermal lattice Boltzmann model in two dimensions：Evidence of temperature
jump and slip velocity in microchannels, Phys. Rev. E, **71**, 066709（2005）

この論文 (4-48) には，境界での温度の跳びおよび滑り流れについて述べられてい
る。

　固体表面での滑り流れについてはいくつか研究があり，文献 (4-48) 以外に

(4-49)　Kang, H. K. and Tsutahara, M.：A discrete effect of the thermal lattice
BGK model, J. Statist. Phys., **107**, 112（April 2002）

(4-50)　Sbragaglia, M. and Succi, S.：Analytical calculation of slip flow in lattice
Boltzmann models with kinetic boundary conditions, Phys. Fluids, **17**, 093602

124　　参　考　文　献

(2005)

(4-51)　Tang, G. H., Tao, W. Q., and He, Y. L. : Gas slippage effect on microscale porous flow using the lattice Boltzmann method, Phys. Rev. E, **72**, 056301 (2005)

(4-52)　Szalmás, L. : Slip-flow boundary condition for straight walls in the lattice Boltzmann model, Phys. Rev. E, **73**, 066710 (2006)

(4-53)　Sofonea, V. : Lattice Boltzmann approach to thermal transpiration, Phys. Rev. E, **74**, 056705 (2006)

(4-54)　Niu, X. D., Shu, C., and Chew, Y. T. : A thermal lattice Boltzmann model with diffuse scattering boundary condition for micro thermal flows, Comput. & Fluids, **36** (2007)

(4-55)　Zhang, Y-H., Gu, X-J., Barber, R. W., and Emerson, D. R. : Capturing Knudsen layer phenomena using a lattice Boltzmann model, Phys. Rev. E, **74**, 046704 (2006)

格子 Boltzmann 法にスペクトル法を応用した例として，以下を挙げておく．

(4-56)　平石雅之，蔦原道久：スペクトル格子ボルツマン法による 2 次元一様等方性乱流の数値計算，日本機械学会論文集 B, **74**, 746 (2008)

5 章

格子 Boltzmann 法の非熱流体モデルについては，3 章で挙げたすべての参考文献に解説がある．

熱流体モデルについての研究は

(5-1)　高田尚樹，山越康広，蔦原道久：三次元熱流体格子ボルツマン・モデルによる流体解析，日本機械学会論文集 B, **64**, 628, pp.3934-3941 (1998)

(5-2)　Chen, H. and Teixeira, C. : H-theorem and origins of instability in thermal lattice Boltzmann models, Comput. Phys. Commun., **129** (2000)

(5-3)　Hinton, F. L., Rosenbluth, M. N., Wong, S. K., Lin-Liu, Y. R., and Miller, R. L. : Modified lattice Boltzmann method for compressible fluid simulations, Phys. Rev. E, **63**, 061212 (2001)

(5-4)　Watari, M. and Tsutahara, M. : Two-dimensional thermal model of the finite-difference lattice Boltzmann method with high spatial isotropy, Phys. Rev. E, **67**, 3-2, 036306 (2003)

(5-5)　Kataoka, T. and Tsutahara, M. : Lattice Boltzmann method for the compressible Euler equations, Phys. Rev. E, **69**, 056702 (2004)

(5-6)　Li, X. M., So, R. M. C., and Leung, R. C. K. : Propagation speed, internal energy, and direct aeroacoustics simulation using lattice Boltzmann method, AIAA J., **44**, 12（2006）

(5-7)　Fan, H., Zhang, R., and Chen, H.：Extended volumetric scheme for lattice Boltzmann models, Phys. Rev. E, **73**, 066708（2006）

(5-8)　Shan, X., Yuan, X., and Chen, H.：Kinetic theory representation of hydrodynamics：A way beyond the Navier-Stokes equation, J. Fluid Mech., **550**（2006）

内部自由度のあるモデルとして

(5-9)　高田尚樹, 蔦原道久：格子ボルツマン法における内部自由度を有する格子BGK モデルの提案, 日本機械学会論文集 B, **65**, 629（1999）

(5-10)　Kataoka, T. and Tsutahara, M.：Lattice Boltzmann model for the compressible Navier-Stokes equations with flexible specific-heat ratio, Phys. Rev. E, **69**, 035701（2004）

(5-11)　Li, X. M., Leung, R. C. K., and So, R. M. C.：One-step aeroacoustics simulation using lattice Boltzmann method, AIAA J., **44**, 1（2006）

完全に Navier-Stokes 方程式を回復するモデルとして

(5-12)　Chen, Y., Ohashi, H., and Akiyama, M.：Thermal lattice Bhatnagar-Gross-Krook model without nonlinear derivations in macrodynamic equations, Phys. Rev. E, **50**（1994）

(5-13)　Watari, M. and Tsutahara, M.：Two-dimensional thermal model of the finite-difference lattice Boltzmann method with high spatial isotropy, Phys. Rev. E, **67**, 036306（2003）

および前出の（5-10）がある。

等方性の高いモデルとして

(5-14)　Chen, H., Zhang, R., Staroselsky, I., and John, M.：Recovery of full rotational invariance in lattice Boltzmann formulations for high Knudsen number flows, Physica A, 362（2006）

ほかに

(5-15)　Chen, H., Orszag, S. A., and Staroselsky, I.：Macroscopic description of arbitrary Knudsen number flow using Boltzmann-BGK kinetic theory, J. Fluid Mech., **574**（2007）

(5-16)　Chen, H., Orszag, S. A., and Staroselsky, I.：Macroscopic description of arbitrary Knudsen number flow using Boltzmann-BGK kinetic theory. Part 2, J. Fluid Mech., **658**（2010）

があるが，計算例は示されていない。

差分格子 Boltzmann 法でも一般には従来のモデルが用いられているが，粒子の速度に自由度があり，この方法独自のモデルとして

(5-17)　Watari, M. and Tsutahara, M.：Two-dimensional thermal model of the finite-difference lattice Boltzmann method with high spatial isotropy, Phys. Rev. E, **67**, 036306（2003）

(5-18)　Kataoka, T. and Tsutahara, M.：Lattice Boltzmann method for the compressible Euler equations, Phys. Rev. E, **69**, 056702（2004）

(5-19)　Watari, M. and Tsutahara, M.：Possibility of constructing a multispeed Bhatnagar-Gross-Krook thermal model of the lattice Boltzmann method, Phys. Rev. E, **70**, 016703（2004）

および前出の（5-10）がある。

密度成層流および自然対流についても多くの文献があるが，ここでは以下を挙げておく。

(5-20)　川崎泰一，蔦原道久：格子ボルツマン法による回転および成層流体中での自然対流のシミュレーション，日本機械学会論文集 B, **69**, 684（2003）

混相流関係のモデルも多様にわたり，日本でも多くの研究が行われている。本書では以下を挙げておく。

(5-21)　Swift, M. R., Orlandini, E., Osborn, W. R., and Yeomans, J. M.：Lattice Boltzmann simulations of liquid-gas and binary-fluid systems, Phys. Rev. E, **54**（1996）

(5-22)　Swift, M. R., Osborn, W. R., and Yeomans, J. M.：Lattice Boltzmann simulation of non-ideal fluids, Phys. Rev. Lett., **75**（1995）

(5-23)　Inamuro, T., Ogata, T., Tajima, S., and Konishi, N.：A lattice Boltzmann method for incompressible two-phase flows with large density differences, J. Comput. Phys., **198**（2004）

(5-24)　Gunstensen, A. K., Rothman, D. H., Zaleski, S., and Zanetti, G.：Lattice Boltzmann model of immiscible fluids, Phys. Rev. A, **43**（1991）

(5-25)　Shan, X. and Chen, H.：Lattice Boltzmann model for simulating flows with multiple phases and components, Phys. Rev. E, **47**（1993）

(5-26)　Shan, X. and Chen, H.：Simulation of non-ideal gases and liquid-gas phase-transitions by the lattice Boltzmann-equation, Phys. Rev. E, **49**（1994）

(5-27)　He, X., Chen, S., and Zhang, R.：A lattice Boltzmann scheme for incompressible multiphase flow and its application in simulation of

Rayleigh-Taylor instability, J. Comput. Phys., **152** (1999)

(5-28) 高田直樹, 三沢雅樹：二相流界面追跡シミュレーションのためのフェーズフィールドモデルと格子ボルツマンスキームの検討, 第18回数値流体シンポジウム, D4-2 (2004)

(5-29) 小沢　拓, 棚橋隆彦：二相系格子ボルツマン法の非構造格子への適用, Trans. JSCES, 20050006 (2005)

(5-30) Wu, L., Tsutahara, M., Kim, L. S., and Ha, M. Y.：Three-dimensional lattice Boltzmann simulations of droplet formation in a cross-junction microchannel, Int. J. Multiphase Flow, **34** (2008)

(5-31) Tajiri, S., Tsutahara, M., and Tanaka, H.：Direct simulation of sound and under water sound generated by a water drop hitting a water surface using the finite difference lattice Boltzmann method, Comput. Math. Appl., **59**, 7 (2010)

(5-32) Wang, T. and Wang, J.：Two-fluid model based on the lattice Boltzmann equation, Phys. Rev. E, **71**, 045301 (2005)

(5-33) Xu, A.；Finite-difference lattice-Boltzmann methods for binary fluids, Phys. Rev. E, **71**, 066706 (2005)

(5-34) Feng, Z-G. and Michaelides, E. E.：The immersed boundary-lattice Boltzmann method for solving fluid-particles interaction problems, J. Comput. Phys., **195** (2004)

(5-35) Zhang, R. and Chen, H.：Lattice Boltzmann method for simulations of liquid-vapor thermal flows, Phys. Rev. E, **67**, 066711 (2003)

(5-36) He, X., Chen, S., and Zhang, R.：A lattice Boltzmann scheme for incompressible multiphase flow and its application in simulation of Rayleigh-Taylor instability, J. Comput. Phys., **152** (1999)

(5-37) Guo, Z. and Zhao, T. S.：Discrete velocity and lattice Boltzmann models for binary mixtures of nonideal fluids, Phys. Rev. E, **68**, 035302 (2003)

(5-38) Frank, X., Funfschilling, D., Midoux, N., and Li, H. Z.：Bubbles in a viscous liquid：Lattice Boltzmann simulation and experimental validation, J. Fluid Mech., **546** (2006)

(5-39) Qin, R. S.：Mesoscopic interparticle potentials in the lattice Boltzmann equation for multiphase fluids, Phys. Rev. E, **73**, 066703 (2006)

(5-40) Wu, L., Tsutahara, M., Kim, L., and Ha, M. Y.：Numerical simulations of droplet formation in a cross-junction micro-channel by the lattice Boltzmann method, Int. J. Numer. Meth. Fluids (2007)

128　　参　考　文　献

(5-41)　Zheng, H. W., Shu, C., and Chew, Y. T.：A lattice Boltzmann model for multiphase flows with large density ratio, J. Comput. Phys., **218**（2006）

(5-42)　Lee, T. and Lin, C-L.：A stable discretization of the lattice Boltzmann equation for simulation of incompressible two-phase flows at high density ratio, J. Comput. Phys., **206**（2005）

(5-43)　Guo, Z. and Zhao, T. S.：Finite-difference-based lattice Boltzmann model for dense binary mixtures, Phys. Rev. E, **71**, 026701（2005）

また，気液界面の計算については

(5-44)　Latva-Kokko, M. and Rothman, D. H.：Diffusion properties of gradient-based lattice Boltzmann models of immiscible fluids, Phys. Rev. E, **71**, 056702（2005）

(5-45)　Latva-Kokko, M. and Rothman, D. H.：Static contact angle in lattice Boltzmann models of immiscible fluids, Phys. Rev. E, **72**, 046701.（2005）

(5-46)　Cahn, J. W. and Hillard, J. E.：Free energy of anonuniform system. I. Interfacial free energy, J. Chem. Phys., **28**, 2（1958）

(5-47)　Zheng, H. W., Shu, C., and Chew, Y. T.：Lattice Boltzmann interface capturing method for incompressible flows, Phys. Rev. E, **72**, 056705（2005）

水滴と水中音については

(5-48)　Tajiri, S., Tsutahara, M., and Tanaka, H.：Direct simulation of sound and under water sound generated by a water drop hitting a water surface using the finite difference lattice Boltzmann method, Comput. Math. Appl., **59**, 7（2010）

気泡と水中音に関しては

(5-49)　Buick, J. M.：Acoustic lattice Boltzmann model for immiscible binary fluids with a species-dependent impedance, Phys. Rev. E, **76**, 036713（2007）

非 Newton 流体への応用として

(5-50)　Lallemand, P., d'Humières, D., Luo, L-S., and Rubinstein, R.：Theory of the lattice Boltzmann method：Three-dimensional model for linear viscoelastic fluids, Phys. Rev. E, **67**, 021203（2003）

(5-51)　Gabbanelli, S.：Lattice Boltzmann method for non-Newtonian (power-law) fluids, Phys. Rev. E, **72**, 046312（2005）

(5-52)　Tajiri, S. and Tsutahara, M.：Construction of a non-Newtonian fluid model based on the finite difference lattice Boltzmann method, Comput. Meth. Experim. Measurm. XIII（2007）

格子 Boltzmann 法の乱流計算への応用も数多く研究が発表されているが，ここで

は乱流モデルを用いるもの

 (5-53) 蔦原道久, 平石雅之：差分格子ボルツマン法に対するダイナミック Smagorinsky モデルの適用, 日本機械学会論文集 B, **72**, 719 (2006)

と, 直接シミュレーション

 (5-54) 大島大典, 蔦原道久, 水谷 聡：差分格子ボルツマン法による乱流計算に関する研究, 日本機械学会論文集 B, **73**, 727 (2007)

のみを挙げておく。

 蒸発凝縮については

 (5-55) Sofonea, V., Lamura, A., Gonnella, G., and Cristea, A.：Finite-difference lattice Boltzmann model with flux limiters for liquid-vapor systems, Phys. Rev. E, **70**, 046702 (2004)

 (5-56) 北村雅裕, 蔦原道久, 田口智清, 三谷亮介：差分格子ボルツマン法による蒸発・凝縮現象のシミュレーション, 計算数理工学論文集, **7**, 2 (2008)

 本書で紹介していない最近の話題, 例えば multi-relaxation time モデルやエントロピーモデルについては

 (5-57) 蔦原道久：格子ボルツマン法の基礎と応用 (研究展望), 日本機械学会論文集 (2012)

で簡単に解説している。

 最近の話題については, 吉野正人, 稲室隆二, 須賀一彦, 桑田祐丞, 青木尊之らによる解説が「伝熱」, **55**, 233 (2016) にある。

 その他, 音響, 物体まわりの流れ, 混相流など具体的な問題について, プログラムと簡単な解説が付属の DVD に収録され, 関連した文献を紹介しているので, そちらもご覧いただきたい。

索　引

【あ】

亜緩和	37
圧縮性熱流体	47
圧縮性熱流体モデル	69
圧　力	70

【い】

位相速度	18
移動格子	61
移動座標系	60
陰解法	21

【う】

運動学的方程式	44
運動方程式	5
運動量拡散	18

【え】

液体の圧縮性	92
エネルギー等分配則	78
エネルギー方程式	6
エリアッセン誤差	68
エンタルピー	84

【お】

音　速	70
音波の式	14

【か】

回転の自由度	76
外部領域	56
界面追跡手法	86
界面分離	86
界面分離係数	87

外力の項	82
過緩和	37
拡　散	8, 18
拡散数	25
拡散反射	58
拡散方程式	25
角振動数	17
片岡のモデル	78
完全移流型	45
乾燥促進のメカニズム	95

【き】

気液2相流	86
気液界面	86
気体定数	15
希薄気体流れ	69
境界層近似式	12
境界層方程式	12
境界適合座標	29
境界要素法	16
凝縮気体	95
局所平衡状態	36
局所平衡分布関数	36

【く】

空間差分	22

【け】

計算空間	30
検査体積	26, 65
源泉項	9

【こ】

高 Knudsen 数流れ	81
高 Reynolds 数流れ	38

格子 Boltzmann モデル	34
高次風上差分スキーム	28
格子気体法	33
格子気体モデル	33
構成方程式	92
構造格子	65
拘束条件	77
後退差分	23
高密度比2流体	90
混相流	69

【さ】

座標変換	30
差分格子 Boltzmann 法	19, 46
差分スキーム	20
差分法	16
散逸関数	7

【し】

次　元	7
磁性流体	1
自然対流	85
実質微分	4
質量密度	91
周期境界条件	59
修正子	21
重　力	84
準3次精度風上スキーム	66
昇　華	95
蒸気圧	95
状態変数	14
状態方程式	8, 15, 73
衝突項	35, 44

索　　引　　131

衝突頻度	48	多重尺度展開	48	粘着条件	12, 57
蒸発・凝縮現象	94	単一緩和係数	37		
真空乾燥	95	単原子気体	78	**【は】**	
振動数	17	弾性率	82	波　数	17
【す】		断熱変化	14	波　長	17
				発　散	4
水中音	92	**【ち】**		パッシブ・スカラーモデル	
数値拡散	26	中心差分	24, 25		85
数値粘性	26, 29	直角座標	3	発展偏微分方程式	44
数値流束	27	——でのテンソル	105	発展方程式	16
数密度	91	**【て】**		バッファ領域	61
スカラー式	3			波動方程式	14, 45
スペクトル法	68	定圧比熱	78	**【ひ】**	
滑りの条件	12, 57	ディアド積	106		
滑り流	63	定積比熱	78	非 Newton 流体	82, 93
【せ】		デカルト座標	3	非圧縮	4
		テンソル表記	3	非圧縮流体の条件	4
静止格子	61	**【と】**		非凝縮気体	95
成層流	4			非構造格子	65
成層流体	84	等エントロピー変化	14	非混和モデル	88
正則摂動法	14	等温過程	15	微小変動論	14
正則な摂動展開	56	等温モデル	34	非等方性	64
正多角形	113	等積比熱	7	比熱比	15, 75, 78
正多面体	114	動粘性率	6, 38	非熱流体モデル	34, 69
絶対温度	6, 75	等方性テンソル	105, 107	非平衡成分	47
摂動法	14	特異摂動法	55	標準状態	1
セル中心型有限体積法	65	特性曲線	45	表面張力	88
前進差分	23	**【な】**		**【ふ】**	
せん断速度	94				
【そ】		内部エネルギー	6, 36	物理空間	30
		内部領域	56	負の粘性	46
相分離スキーム	86	ナブラ演算子	3	プラズマ	1
速度ポテンシャル	11	**【に】**		ブール変数	33
ソース項	9			分　圧	96
【た】		任意の比熱比	79	分　散	18
		【ね】		分散関係式	17
第 2 粘性率	5, 53, 75			分散効果	18
体心立方体格子	115	熱拡散率	75	分散誤差	29
体積弾性率	92	熱伝導方程式	24	分散性	18
体積膨張率	5	熱伝導率	7, 57, 75	分子間力	82, 88
体積力	5, 84	熱ほふく流	63, 85	分子気体力学	35
対流形表示	26	熱流体モデル	34	分布関数	19, 35
高田のモデル	72	粘性率	5, 53, 75		

【へ】

平均自由行程	47, 96
併進運動の自由度	76
べき乗則粘性モデル	93
ベクトル表記	2

【ほ】

飽和蒸気圧	95
保存形表示	26
保存則	2
ポテンシャル流れ	11

【み】

密 度	2
密度成層流	84

【め】

面心立方体格子	115

【ゆ】

有限体積法	16
有限体積格子 Boltzmann 法	65
有限要素法	16

【よ】

陽解法	21
予測子	21

【り】

力 積	84
離散化 BGK 方程式	22, 44
離散渦法	16
理想気体	15, 75, 82
立方体格子	115
粒子法	16, 83
流 速	2
流 体	1
流体力学的な変数	35
流体粒子	2
流入・流出の条件	59

【れ】

冷凍真空乾燥	95
レオロジー	93
連続体	1, 2
連続の式	3

【A】

ALE 法	60

【B】

Barnett 方程式	51
Benard 対流	85
Bernoulli 方程式	11

【C】

Chapmann-Enskog	41
Chapmann-Enskog 展開	50
Courant 数	24
Crank-Nicolson 法	21

【D】

D2Q21 モデル	72
D2Q9 モデル	39, 70
D3Q15 モデル	70
D3Q39 モデル	73

【E】

Euler 前進差分	20
Euler 的記述	60
Euler 方程式	10

【J】

Jacobian	31

【K】

Knudsen 数	47, 62
Knudsen 層	85

【L】

Lagrange 的解法	60
Lagrange 微分	4
Laplace 演算子	6
Laplace 則	89
Laplace 方程式	11
level-set 法	88
Loschmidt 数	1

【M】

M^2 展開法	56
Maxwell 分布	41

【N】

Navier-Stokes 方程式	6
Navier-Stokes 方程式系	8
Newton の法則	6
Newton の方程式	7

【O】

Oseen 方程式	13

【P】

power-law モデル	93
Prandtl 数	82

【Q】

QUICK	28

【R】

Rankin-Hugonio の関係式	93
Reynolds 数	10
Runge-Kutta 法	22

【S】

shear-thickening 流体	94
shear-thinning 流体	94
Simpson の 1/3 公式	22
Sone 展開	50
Stokes 方程式	13
super-Barnett 方程式	51

【T】

Taylor 展開	20

【U】

UTOPIA	28

【W】

Weisenberg 効果	94

【数字】

1 次風上差分	23
1 次精度	23
2 次元 9 速度モデル	39
2 相の分離	91

―― 著者略歴 ――

1971年 京都大学工学部航空工学科卒業
1971年 神戸大学助手
1982年 米国ミシガン大学博士課程修了（応用力学専攻），Ph.D.
1992年 神戸大学教授
1994年 神戸大学大学院教授
2011年 神戸大学名誉教授

格子ボルツマン法・差分格子ボルツマン法
Lattice Boltzmann and Finite Difference Boltzmann Methods

© Michihisa Tsutahara 2018

2018年12月17日 初版第1刷発行 ★

検印省略	著　者	蔦　原　道　久
	発 行 者	株式会社　コロナ社
		代 表 者　牛来真也
	印 刷 所	新日本印刷株式会社
	製 本 所	有限会社　愛千製本所

112-0011 東京都文京区千石 4-46-10
発 行 所　株式会社　コロナ社
CORONA PUBLISHING CO., LTD.
Tokyo Japan
振替 00140-8-14844・電話(03)3941-3131(代)
ホームページ　http://www.coronasha.co.jp

ISBN 978-4-339-04658-8　C3053　Printed in Japan　（大井）

JCOPY <出版者著作権管理機構 委託出版物>

本書の無断複製は著作権法上での例外を除き禁じられています。複製される場合は，そのつど事前に，出版者著作権管理機構（電話 03-3513-6969，FAX 03-3513-6979，e-mail: info@jcopy.or.jp）の許諾を得てください。

本書のコピー，スキャン，デジタル化等の無断複製・転載は著作権法上での例外を除き禁じられています。購入者以外の第三者による本書の電子データ化および電子書籍化は，いかなる場合も認めていません。

落丁・乱丁はお取替えいたします。